AIRBUS HELICOPTERS
TIGER
DER EUROPÄISCHE KAMPFHUBSCHRAUBER

Michael Normann

Motor
buch
Verlag

Einbandgestaltung: schreiberVIS, Joachim Schreiber

Bildnachweis: Soweit nicht anders vermerkt,
stammen die Bilder vom Autor bzw. aus dessen Archiv.

ISBN: 978-3-613-04461-6

Sie finden uns im Internet unter:
www.motorbuch-verlag.de

1. Auflage 2022

Layout, Satz und Prepress: schreiberVIS, Joachim Schreiber, Seeheim
Druck und Bindung: Conzella, 85609 Aschheim-Dornach
Printed in Germany

Inhalt

Vorwort ... 5

Europas Weg zum Kampfhubschrauber ... 7

Das Konzept des Panzerabwehrhubschraubers ... 13

- Deutsches Vorläufermodell PAH-1 ... 17
- Französisches Vorläufermodell SA342 Gazelle ... 21

Der lange Weg zum Kampfhubschrauber Tiger ... 23

- Der deutsche Weg zum Tiger ... 33
- Das deutsch-britische Projekt P.277 Fledermaus ... 34
- Der deutsche Tiger ... 36
- Der französische Tiger. Vom Tigre HAC und Gerfaut HAP zum Tigre HAP und HAD ... 50
- Tigre HAC ... 51
- Tigre HAP ... 53
- Tigre HAD ... 70
- El Tigre (spanische Tiger) ... 79
- Aussi Tiger ARH (australische Tiger) ... 84
- Tiger Mk.3 ... 95

Der Tiger im Detail ... 97

- Das Schutzkonzept ... 112
- Triebwerk ... 114
- Optiken und andere Sensoren ... 116
- Strix ... 116
- Osiris ... 118
- Radarwarngerät ... 119
- Raketenwarnsystem ... 119
- Laserwarnsystem ... 120
- Störkörperwerfer ... 121

Waffensysteme ... 123

- Bordwaffen ... 124
- Lenkwaffen ... 127
- Ungelenkte Raketen ... 135

Einsatz in der Truppe ... 139

- Der Weg ins Cockpit ... 140
- Im Truppendienst ... 141
- Afghanistan ... 145
- Mali ... 155

Der Tiger im Vergleich zu anderen Kampfhubschraubern ... 161

- AH-64 Apache ... 162
- Mi-28N Notschnij Ochotnik ... 166
- Ka-52 Alligator ... 170
- A129 Mangusta ... 174
- T129 ATAK ... 178

Fazit und ein Blick in die Zukunft ... 181

Schlusswort ... 184

- Endnoten ... 185

ET 720
TERRE

Vorwort

„Mein Name ist Bond, James Bond.“ Wer kennt ihn nicht, diesen Satz, der dem smartesten Agenten ihrer britischen Majestät so leicht von den Lippen geht? Jenem Superagenten, der es spielend mit den größten Schurken aufnimmt, der die schönsten Frauen verführt und der ganz nebenbei die Welt rettet. Und die Welt ist nicht genug.

Doch auch bei James Bond geht nicht immer alles glatt. So sehen wir ihn im Film „Golden Eye“ zum Hafen von Nizza eilen. Dorthin, wo der Elite des NATO-Militärs ein neuer Kampfhubschrauber präsentiert werden soll. Der Hubschrauber, der auf dem Landedeck eines Kriegsschiffes steht, trägt den spektakulären Namen „Tiger“.

Bond gelangt jedoch nicht zum Ort der Vorführung. Er wird vom Wachpersonal aufgehalten und muss zusehen wie zwei Piloten zum neuen Hubschrauber gehen, winken, ins Cockpit klettern und die Triebwerke starten. An Bord des Helikopters sind aber nicht die beiden avisierten französischen Militärpiloten. An Bord befinden sich eine rassige und überaus schöne russische Agentin und ihr Helfer. Sie entführen den zukünftigen Stolz der deutschen und französischen Streitkräfte. James Bond bleibt nichts anderes übrig als dem davonfliegenden Tiger hinterherzuschauen.

Natürlich nimmt Bond die Verfolgung auf und natürlich wird er wieder schöne Frauen verführen und ganz nebenbei die Welt retten. Und natürlich spielt auch der Kampfhubschrauber Tiger eine tragende Rolle im Film „Golden Eye“.

In „Golden Eye“ wurde der EC 665 Tiger publikumswirksam einer breiten Öffentlichkeit vorgestellt. Der Firma Eurocopter gelang ein spektakulärer Marketingerfolg. Der Kampfhubschrauber Tiger war in aller Munde.

Doch wie so oft in der Filmgeschichte vermischten sich Wahrheit und Fiktion eng miteinander.

So stimmte es tatsächlich, dass der Helikopter gegen den elektromagnetischen Impuls[1] immun gemacht wurde. Fiktion war hingegen war, dass man die Raketen des Tigers so programmieren kann, dass sie den eigenen Hubschrauber ins Visier nehmen. Im Cockpit gibt es auch keinen großen roten Notschalter, den man mit dem Kopf eindrücken muss, um eine Rettungssequenz einzuleiten. Und Nein, die Rotorblätter sind nicht absprengbar, und das Cockpit des Tigers kann man auch nicht mit Raketensätzen in Sicherheit bringen. Das alles entspringt der Phantasie Hollywoods.

Keine Phantasie ist, dass genau dieser Hubschrauber, den man im Film bewundern konnte, heute im Museum steht. Genauer gesagt im Hubschraubermuseum der niedersächsischen Stadt Bückeburg. Man kann ihn sich dort ansehen und bestaunen.

Und genau dort, im Museum Bückeburg, bekam ich die Gelegenheit ins Cockpit des Tigers zu klettern. Ich saß da, wo James Bond einst saß! Meinen herzlichsten Dank dafür an die Damen und Herren des Hubschraubermuseums, die mir dies ermöglichten.

Dieses Buch soll einen kleinen Blick auf den in Deutschland nicht ganz unumstrittenen Kampfhubschrauber Tiger werfen. Es soll die Entwicklungsgeschichte des Tigers kurz umreißen, die einzelnen Versionen vorstellen und ihn mit anderen heute im Einsatz befindlichen Kampfhubschraubern vergleichen.

Ich hoffe, liebe Leserinnen und Leser, dass Ihnen dieses Buch gefallen wird.

Michael Normann

Ein spanischer Tigre HAD-E bei einer gemeinsamen Übung mit französischer Gazelle. (Foto: Armee de Terre)

Europas Weg zum Kampfhubschrauber

Europa ist ein Kontinent, der sich von der Atlantikküste bis zu den Gebirgskämmen des Urals erstreckt. In unserem deutschen Sprachgebrauch verwenden wir den Terminus *„Europa“* jedoch oft nur in eingeschränkter Form. Mit Europa bezeichnen wir im Allgemeinen die Länder der Europäischen Union und zusätzlich noch ein paar andere Staaten im Norden und in der Mitte des Kontinents.

Zur Zeit des Kalten Krieges gab es nicht wenige Mitbürger für die Europa an der Elbe-Werra-Linie endete. Heute verläuft eine ähnlich gedachte Linie entlang des Flusses Bug oder an der russischen Grenze, je nach Auffassung.

Der (west)europäische Weg zum Kampfhubschrauber unterschied sich deutlich von dem der Amerikaner oder der sowjetischen Herangehensweise an diese Materie. Sowohl die Amerikaner, als auch die Sowjets entwickelten vollwertige Kampfhubschrauber. Ihre Helikopter waren mit einer Waffenpalette bestückt, die es ihnen erlaubte alle Arten von Bodenzielen wirksam zu bekämpfen. Panzerabwehrlenkwaffen konnten gegen Hochwertziele[2] zum Einsatz gebracht werden. Ungepanzerte Fahrzeuge und Feldbefestigungen bekämpfte man mit ungelenkten Raketen und gegen weiche Ziele wurden Maschinenkanonen oder -gewehre eingesetzt. Bei Bedarf konnten auch Bomben abgeworfen werden. Der Kampfhubschrauber trat in die Fußstapfen des Schlachtflugzeugs.

Das war bei den Amerikanern so und auch bei den Sowjets.

In Westeuropa sah man das alles ganz anders. Hier setzten Politik und Militär nicht auf den vollwertigen Kampfhubschrauber, sondern auf Helikopter zum ausschließli-

Eine Sikorsky H-34 setzt während des Algerienkrieges französische Soldaten ab. (Foto: Sammlung Normann)

Die Vertol H-21 wurde von den Franzosen sowohl bewaffnet als auch unbewaffnet geflogen. Bewaffnete Hubschrauber trugen Startbehälter für ungelenkte Raketen und hatten Maschinengewehre eingebaut. (Foto: Sammlung Normann)

chen Zwecke der Panzerabwehr. So entstanden in Großbritannien, der Bundesrepublik Deutschland, Frankreich und Italien hochspezialisierte Hubschrauber, die allein mit der Panzerbekämpfung beauftragt waren.[3]

Interessanterweise hatte es am Anfang der Entwicklung ganz anders ausgesehen. Großbritannien und Frankreich setzten in den 1950er- und frühen 60er-Jahren Hubschrauber bei der Bekämpfung antikolonialer Aufstände ein und waren dabei sehr erfolgreich. Eine besondere Bedeutung bei der Entwicklung des Hubschraubers als Waffenträger kam dem französischen Algerienkrieg[4] zu.

In Algerien wurden Hubschrauber in großer Zahl verwendet, um Truppenverbände schnell zu verlegen und tief im Feindesland abzusetzen. Die Transporthubschrauber erhielten bei ihren Flügen Geleitschutz durch bewaffnete Hubschrauber. Diese hatten die Aufgabe die Landezonen aus der Luft zu sichern und auftauchende Feindkräfte zu bekämpfen.

Unter der Hand nannten die Franzosen ihre bewaffneten Hubschrauber *„Kampfhubschrauber“*, auch wenn diese mit den echten Kampfhubschraubern, die Jahre später entstehen sollten, noch nicht viel gemein hatten.

Später verwendeten die Franzosen ihre bewaffneten Hubschrauber auch dazu den Gegner aktiv zu suchen, aufzuspüren und zu vernichten. Die bei diesen Operationen eingesetzten bewaffneten Hubschrauber hatten den Auftrag die feindlichen Kämpfer in die Arme der am Boden operierenden französischen Fallschirmjäger[5] zu treiben. Und dabei waren sie sehr erfolgreich.

Das französische Einsatzverfahren in Algerien hatte später einen großen Einfluss auf die Entwicklung des amerikanischen Air-Cavalry-Konzeptes.

Doch in Frankreich ging die Entwicklung in eine andere Richtung. Der Algerienkrieg war 1962 beendet. Andere Kolonialabenteuer fanden nicht mehr statt. Überall in Afrika holten die Franzosen zähneknirschend und notgedrungen ihre Trikolore ein und entließen die ehemaligen Kolonien in die Unabhängigkeit. Frankreich konzentrierte sich fortan auf sein Mutterland und ein paar versprengte Überseegebiete. Bewaffnete Hubschrauber zum Zweck der Aufstandsunterdrückung wurden deshalb nicht mehr benötigt.

Stattdessen sahen sich die Franzosen verstärkt mit der Ost-West-Auseinandersetzung konfrontiert. Obwohl Frankreichs Nationalheld Charles de Gaulle seine Nation 1966 aus der Militärorganisation der NATO herausführte und die französischen Streitkräfte ausschließlich nationalem Kommando unterstellte, ließ er doch keinen Zweifel daran auf wessen Seite Frankreich stände, falls es in der Mitte Europas zum großen Knall kommen würde. Und das bekräftigte er indem Frankreich in der politischen Organisation der NATO stets präsent blieb.

Eines war den Franzosen klar: bei einer Auseinandersetzung im Herzen Europas würden es Frankreichs Truppen unweigerlich mit den sowjetischen Panzerarmeen zu tun bekommen. Und diese waren den französischen Panzertruppen zahlenmäßig und zum Teil auch qualitativ weit überlegen.[6]

Die sowjetische Panzerwalze dezimieren zu müssen wurde als primäre Aufgabe begriffen. Die Frage war nur, wie das geschehen sollte?

Während in der Bundesrepublik immer noch das alte deutsche Glaubensbekenntnis galt, dass gegen Panzer nur Panzer helfen würden und die Bundeswehr deshalb extrem starke Panzerverbände aufstellte, hatten die Franzosen ganz andere Vorstellungen davon, wie man das Problem lösen konnte. In Frankreich sah man in der Panzerabwehrlenkrakete das Mittel der Wahl und entwickelte deshalb eine Reihe leistungsstarker Lenkwaffen.

Der nächste Schritt bestand nun darin, dass die Franzosen versuchten den Hubschrauber als Startplattform für Panzerabwehrlenkwaffen zu nutzen. Versuche mit Alouette II Helikoptern zeigten, dass es durchaus möglich war Hubschrauber für die Aufgabe der Panzerabwehr einzusetzen.

Es gab nur ein kleines Problem. Die Steuerung der Panzerabwehrlenkraketen der ersten Generation war schwierig. Der Lenkschütze musste den eigenen Standort, den Standort des Ziels und die sich schnell verändernde Position der Rakete beachten, wenn er den Flugkörper ins Ziel steuern wollte. Das erforderte Fingerspitzengefühl und jede Menge Übung. Es war mehr eine Kunst als eine Wissenschaft. Die Trefferergebnisse waren deshalb auch eher bescheiden. Nur eine von drei Raketen traf ihr Ziel und das auch nur auch unter günstigen Bedingungen.

Um die Panzerabwehrlenkrakete zu einer erfolgreichen Hubschrauberbewaffnung machen zu können musste erst eine neue Waffengeneration entwickelt werden. In der Folgezeit entstand in deutsch-französischer Zusammenarbeit die Rakete HOT. Diese Rakete besaß ein halbautomatisches Lenksystem, bei dem der Lenkschütze das Fadenkreuz seiner Optik nur noch aufs Ziel halten musste. Den Rest erledigte die Steuerelektronik an Bord des Hubschraubers. Die errechneten Lenkbefehle wurden per Draht an die Rakete übermittelt und von dieser ausgeführt.

Mit dieser Waffe war es möglich vom Hubschrauber aus Panzer zielgenau zu bekämpfen. Eine entsprechende Taktik wurde ausgearbeitet. Der Panzerabwehrhubschrauber entstand. Er sollte sich in extremem Tiefflug seinem Ziel nähern, hinter Deckungen hervorspringen, das Feuer eröffnen und wieder verschwinden. Dabei würde er nur in der kurzen Periode, die zur Lenkung der Panzerabwehrwaffe notwendig war, für den Gegner sichtbar sein. Das waren je nach Kampfdistanz fünf bis 20 Sekunden. Man nahm an, dass diese knappe Zeitspanne so kurz sei, dass der Gegner nicht in der Lage wäre effektive Gegenmaßnahmen zu ergreifen.

In Frankreichs Streitkräften wurde dieses Konzept mit Hilfe des Hubschraubers Gazelle[7] umgesetzt. Auch die Briten beschafften diesen Hubschrauber, setzten in der Panzerabwehrrolle später aber auch ihre Eigenentwicklung Lynx ein.

In der Bundesrepublik gab es zwei Strömungen hinsichtlich des Einsatzes bewaffneter Hubschrauber. Zum einen gab es, vor allem in der Heeresfliegerschule Bückeburg, Enthusiasten, die daran werkelten vorhandene Hubschrauber zu armieren. Sie schufen unter anderem eine Drehturmbewaffnung für die Bell UH-1 D Iroquoise und versuchten sich 1962 darin französische Panzerabwehrlenkraketen des Typs SS.11 von Alouette II Hubschraubern aus zu starten. Die luftgestützte Version der Rakete wurde AS.11 genannt. Bei der US-Army trug sie die Bezeichnung AGM-22.

Auf der anderen Seite standen konservativ denkende Heeresoffiziere und Generäle für die der alte Leitsatz *„Gegen*

Alouette II der Bundeswehr mit AS.11 Raketen. (Foto: US Army)

Alouette II mit Panzerabwehrlenkwaffen. (Foto: Sud Aviation)

Panzer helfen nur Panzer!" immer noch unverrückbar galt. Sie wollten die Bundeswehr mit einem modernen Standardkampfpanzer in der Gewichtsklasse von 30 Tonnen ausrüsten, um die von ihnen als völlig wertlos eingestuften amerikanischen Panzermodelle ausmustern zu können. Aus dem 30 Tonnen Standardkampfpanzer entwickelte sich im Laufe der Zeit der 40 Tonnen schwere Leopard[8], der beste westliche Panzer der 1960er- und 70er-Jahre. Seine Beschaffung hatte oberste Priorität und war dementsprechend kostenintensiv.

Ein Hubschrauber zur Panzerbekämpfung war aus der Sicht der konservativen Kreise ein teures Konkurrenzprodukt zum Leopard. Außerdem war die Wirksamkeit eines reinen Panzerabwehrhubschraubers begrenzt, da ihm offensive Fähigkeiten völlig abgingen.

Damit war das Thema für etwa ein Jahrzehnt beerdigt.

Doch es tauchte Anfang der 1970er-Jahre wieder auf. Die internationale Entwicklung ging zum Kampfhubschrauber. Die Amerikaner hatten in Vietnam bewiesen wozu Kampfhubschrauber in der Lage waren. Sie begannen zudem ihre AH-1 Cobras so umzurüsten, dass diese zukünftig auch auf dem potentiellen, mitteleuropäischen Kriegsschauplatz einsatzfähig sein würden. Die Sowjets stellten im Gegenzug die mächtige Mi-24 aufs Tableau. Und Frankreich arbeitete an einem Panzerabwehrhubschrauber.

Langsam dämmerte es der Bundeswehrführung, dass man dabei war den Anschluss an die internationale Entwicklung zu verlieren. Man musste also irgendetwas tun.

Doch dann kam es, wie in so vielen anderen Streitkräften der Welt auch, zu einer Auseinandersetzung zwischen Heer und Luftwaffe. Die Luftwaffe bestand darauf, dass nur sie allein das Recht haben dürfe den eigenen Bodentruppen Luftunterstützung zu geben.

Beim Heer war man sich nicht ganz sicher was man eigentlich wollte. Auf der einen Seite lockte die Aussicht auf einen Kampfhubschrauber. Auf der anderen Seite konnte die Anschaffung eines solchen kostenintensiven Systems die Zahl der zu beschaffenden Kampfpanzer reduzieren. Und die Bundeswehr war aus der Tradition heraus eine Panzerarmee. Nach langem Streit setzten sich im Heer die Befürworter des bewaffneten Hubschraubers durch.

Doch bei der Auseinandersetzung mit der Luftwaffe war das nicht ganz so einfach. Die Luftwaffe beharrte auf ihrem Standpunkt. Alles was sich dem Gegner in der Luft entgegenstellt müsse zur Luftwaffe gehören. Basta! Kampfhubschrauber für das Heer kamen aus Luftwaffensicht überhaupt nicht in die Tüte.

Nach langem hin und her einigte man sich dann auf einen Kompromiss. Die Luftwaffe zeigte sich gnädig. Dem Heer wurde erlaubt eine begrenzte Zahl mit Panzerabwehrlenkflugkörpern bewaffneter Hubschrauber zu beschaffen. Diese durften aber nur gegen Panzer eingesetzt werden. Und zwar ausschließlich über von eigenen Truppen gehaltenem Gebiet. Streifzüge ins Hinterland des Feindes oder gar direkte Attacken auf Feindstellungen, wie sie von Amerikanern und Sowjets praktiziert wurden, waren für die bewaffneten Hubschrauber des Heeres verboten.

Um das auch jedem klar zu machen legte der Inspekteur des Heeres fest: *„Das Wort ‚Kampfhubschrauber' darf beim Heer nicht verwendet werden!"*

Der Terminus Panzerabwehrhubschrauber entstand. Ein taktisches Einsatzkonzept wurde entworfen und man begann nach einem geeigneten Hubschraubertyp zu suchen.

Natürlich hätte man es sich einfach machen und in Frankreich die Gazelle beschaffen können. Doch wäre das aus industriepolitischer Sicht eine suboptimale Wahl gewesen. Wieso sollte man Geld für ein französisches Produkt ausgeben, wenn man deutsche, sprich bayrische, Arbeitsplätze sichern konnte?

Deshalb war es aus Politikersicht besser ein in der Bundeswehr bereits vorhandenes deutsches Hubschraubermodell für die Aufgabe des Panzerabwehrhubschraubers umzurüsten. Und dieses bereits vorhandene Modell war die Bo 105.

Die Bo 105 war ein Hubschrauber der in etwa in Größe und Gewicht der Gazelle gleichkam und wegen seiner hervorragenden Flugeigenschaften von seinen Piloten geliebt wurde. Deshalb wurde das Anforderungsprofil für den neu zu beschaffenden Panzerabwehrhubschrauber so gestaltet, dass es nahezu perfekt zur Bo 105 passte und die Gazelle per se ausgeschlossen wurde.[9]

1977 startete der erste Prototyp des nun PAH-1 genannten Helikopters zu seinem Jungfernflug. Zwei Jahre später lief die erste Serienmaschine vom Band. 1980 begann die Ausbildung der Heeresfliegerpiloten.

Die Heeresflieger waren nun endlich in der Lage sich mit Panzern anlegen zu können. Doch von Anfang an offenbarten sich die Schwächen des Konzepts einer reinen Raketenbewaffnung. Panzerabwehrlenkwaffen waren teuer. Sie sollten nur gegen Hochwertziele[10] eingesetzt werden. Doch es gab auch jede Menge andere Ziele, wie LKWs, PKWs, Fla-MGs oder Soldaten die Einmann-Fla-Raketen, sogenannte Manpads, auf den Schultern trugen. Hinzu kamen noch Scharfschützen oder einfache Infanteristen.

Gegen solche Ziele verbot sich der Einsatz von Lenkwaffen aus Kostengründen von selbst.[11] Gegen diese Ziele konnte man nur mit ungelenkten Raketen oder Bordwaffen vorgehen. Die besaß der PAH-1 aber nicht.

Deshalb keimten sehr schnell Forderungen nach einem PAH-2, genannten Nachfolgemodell, auf. In Gedankenspielen wurde dem hochspezialisierten PAH-2 ein eher universell ausgelegter Unterstützungshubschrauber UHU zur Seite gestellt.

In den frühen 1980er-Jahren gab es zaghafte Versuche einer deutsch-britischen Zusammenarbeit, aus der das Projekt *Fledermaus* entstand. Doch dieses Projekt wurde niemals flügge. Weder London, noch die Hardthöhe[12] in Bonn zeigten ein wirklich großes Interesse.

Anders sah es mit einem deutsch-französischen Projekt aus. Die Franzosen suchten, genau wie die Deutschen, einen neuen Panzerabwehrhubschrauber und einen Unterstützungshubschrauber. Da es enge Bande zwischen den führenden Politikern beider Nationen gab wurde ein Gemeinschaftsprojekt vereinbart.

Wie es sich für Demokratien gehört wurde das Projekt vom Bundesrechnungshof durchgerechnet und wenig später als viel zu kostspielig eingestuft. Außerdem galt es als mit viel zu großen Entwicklungsrisiken behaftet, weil es, anders als das deutsch-britische Projekt *Fledermaus*, auf keinem bereits existierenden Hubschraubermodell aufbaute, sondern eine vollkommene Neuentwicklung darstellte.

Damit war das Programm gestorben, noch ehe es richtig begonnen hatte.

Die Amerikaner witterten Morgenluft und ein lukratives Geschäft. Die Firma Bell Helicopters Co. bot der Bundesrepublik eine neuentwickelte Variante der AH-1 Cobra zum Kauf an. Das war eine attraktive Offerte, denn sie beinhaltete das Angebot die Cobra in Lizenz in Deutschland fertigen zu lassen. Doch das Angebot wurde abgelehnt. Die Cobra war, in den Augen deutscher Politiker, für die eher defensiv ausgerichtete Heeresfliegerei doch ein wenig zu martialisch. Aus denselben Gründen wurden Gedankenspiele, den neuentwickelten amerikanischen Kampfhubschrauber AH-64 zu beschaffen, nicht weiterverfolgt.

Und dann gab es noch die Männerfreundschaft zwischen Bundeskanzler Kohl und dem französischen Präsidenten Mitterand. Beiden galten deutsch-französische Gemeinschaftsprojekte als Herzenssache und so warfen sie ihren gesamten Einfluss in die Waagschale, um das Projekt eines deutsch-französischen Kampfhubschraubers wiederzubeleben.

Aus diesen Anfängen entwickelte sich im Laufe der Zeit der deutsche Kampfhubschrauber EC 665 Tiger und sein französisches Pendant Tigre, ein Hubschrauber, der bis zum heutigen Tag im Einsatz steht.

Das Konzept des Panzerabwehrhubschraubers

Die Idee zu einem Panzerabwehrhubschrauber wurde in den 1960er-Jahren geboren. Sie entstand als Kombination der, sich in den 1950er-Jahren entwickelnden, Panzerabwehrlenkrakete[13] mit dem, im selben Zeitraum zum Durchbruch kommenden, Hubschrauber. In West wie in Ost versuchte man den Hubschrauber als Waffenträger zu verwenden und ihn mit Lenkwaffen auszurüsten.

In den USA sah die US-Army im Kampfhubschrauber eine moderne Variante des Schlachtflugzeugs.[14] Dementsprechend wurden die Anforderungen gestellt, die die *AH-56A Cheyenne*[15] zu erfüllen hatte. Sie sollte sich in mittleren Höhen dem Zielgebiet nähern, dann in den Sinkflug übergehen und mit hoher Geschwindigkeit angreifen. Zuerst sollte die Cheyenne ihre Lenkwaffen, danach ungelenkte Raketen und zum Schluss die Bordkanonen[16] zum Einsatz bringen.

Die Sowjetunion, wo die Entwicklung des Kampfhubschraubers durch Parteichef Nikita Chruschtschow zunächst ausgebremst worden war, folgte diesem Weg ebenfalls und entwickelten in den späten 1960er-Jahren die *Mi-24*.[17] Auch dieser Hubschrauber war als moderne Form des Schlachtflugzeugs gedacht.[18]

In Frankreich ging man einen anderen Weg. 1962 endeten die kolonialen Abenteuer des Landes mit dem Rückzug aus Algerien. Schwerbewaffnete Hubschrauber zum Zwecke der Aufstandsbekämpfung wurden nicht mehr benötigt. Frankreich orientierte sich um und konzentrierte sich vermehrt auf den Ost-West-Konflikt und damit auf einen potentiellen Krieg im Herzen Europas.

Hier galt es sich mit den zahlenmäßig und qualitativ überlegenen sowjetischen Panzerarmeen auseinanderzusetzen. Es stellte sich die Frage, wie man diese Panzermassen dezimieren konnte.

Gazelle und Tigre HAP bildeten Paare, die sich gegenseitig unterstützten. (Foto: ISAFmedia, Valverde)

Die bewaffnete Alouette III war nur als Übergangsmuster gedacht, das die Zeit bis zum Eintreffen leistungsfähigerer Hubschrauber überbrücken sollte. (Foto: Sammlung Normann)

Ein Grundgedanke, der in nahezu allen NATO-Staaten geteilt wurde, bestand darin die Panzer mit überlegener Technologie zu schlagen. Und damals, in den 1960er-Jahren, galt die Raketentechnik als Inbegriff der Spitzentechnologie. So entstand eine Vielzahl von speziell für die Panzerbekämpfung vorgesehene Lenkraketen. In Frankreich waren das unter anderem die Systeme SS.11 und SS.12.

Diese Waffen sollten primär von den Bodentruppen zur Abwehr von Panzerangriffen eingesetzt werden. Sie hatten eine große Reichweite und eine so große Durchschlagskraft, dass ihnen keine konventionelle Panzerung widerstehen konnte.[19] Doch hatten die Panzerabwehrlenkraketen der ersten Generation auch noch mit einer Vielzahl von Problemen zu kämpfen. So war ihr Steuerverfahren kompliziert. Der Schütze musste den eigenen Standort, den Standort des Ziels und den sich schnell verändernden Standort der Rakete bei der Steuerung beachten.[20]

Das Steuern von Panzerabwehrlenkwaffen erwies sich in der Praxis als sehr schwierig, so dass die Trefferwahrscheinlichkeit nur bei etwa 33 % lag. Die erfolgreiche Bedienung einer damaligen Panzerabwehrlenkwaffe erforderte sehr viel Fingerspitzengefühl und noch mehr Übung.

Damit der Schütze überhaupt Zeit hatte die Rakete ins Ziel zu lenken, flogen die Lenkwaffen der ersten Generation relativ langsam. Das gab den Panzern die Möglichkeit auf den Beschuss mit Lenkraketen zu reagieren. Zu den Möglichkeiten der Panzer gehörten Kursmanöver[21] um den Raketen auszuweichen, das Einnebeln[22] und das Aufwirbeln von Staub um dem Lenkschützen die Sicht zu nehmen, sowie die Bekämpfung der Startstellungen.

Letzteres war möglich, weil sich die Startstellungen der Panzerabwehrlenkraketen durch eine große Qualm- und Staubwolke selbst demaskierten. Bei der Bekämpfung der Startstellungen war es nicht unbedingt notwendig die Stellung selbst zu treffen. Es war ausreichend, wenn der Raketenschütze wegen des Beschusses in Deckung ging und damit das Steuern der Lenkwaffe aufgab.

Gelang es den Panzern in die, bei den damaligen Raketen recht große, tote Zone[23] vorzustoßen waren sie mit Panzerabwehrlenkraketen de facto nicht mehr angreifbar. In einer solchen Situation blieb den Panzerjägern nur noch eine Option. Die Flucht.

Damit sie sich vom Gegner lösen konnten gab man ihnen Geländewagen, sprich Jeeps, auf denen die Startgeräte der Panzerabwehrlenkwaffen montiert waren. Unter mitteleuropäischen Bedingungen waren Geländewagen aber nicht mobil genug. Es gab genügend Geländeabschnitte, die sie nur schwer überwinden konnten.[24]

Deshalb kam man auf den Gedanken die Panzerjäger mit einem noch mobileren Bewegungsmittel auszurüsten: dem Hubschrauber.

Zunächst war angedacht den Hubschrauber nur als reines Transportmittel zu benutzen. Er sollte die Panzerjägertrupps im Gelände absetzen und bei Gefahr wieder abholen. Dann überlegte man am Hubschrauber selber Startgeräte zu montieren. Der Hubschrauber sollte vor dem Einsatz der Raketen landen und vom Boden aus die Panzer bekämpfen.

Beide Ideen wurden bald als nicht praktikabel angesehen. Zu verwundbar war ein gelandeter Hubschrauber auf dem Gefechtsfeld.

Doch die Idee wurde weiterentwickelt. Man stellte sich die Frage, ob man die Raketen nicht auch im Flug abfeuern könne. Das hatte den Vorteil, dass sich der Hubschrauber weit außerhalb der Reichweite der gegnerischen Luftabwehr aufhalten konnte und nicht Gefahr lief, dass Panzer in die tote Zone der Raketen vorstießen. Im Notfall konnte sich der Hubschrauber schnell absetzen, auf Distanz gehen und erneut angreifen.

Die Idee gefiel.

Erste Versuche wurden unternommen und man stellte bald fest, dass es durchaus möglich war die Raketen während des Fluges vom Hubschrauber aus zu starten. Sie ins Ziel zu lenken stand jedoch auf einem ganz anderen Blatt Papier. Die Vibrationen des Helikopters, die hauptsächlich vom Kolbenmotor herrührten, waren so stark, dass es für den Bordschützen nur schwer möglich war die Rakete zielgenau zu steuern.

Als Lösung bot es sich an die Hubschrauber mit anderen Triebwerken auszustatten. International fand in jener Zeit der Umstieg vom Kolbenmotor auf die Gasturbine statt. Die Gasturbine hatte den Vorteil eines vergleichsweise ruhigen Laufs. Die Vibrationen im Hubschrauber nahmen deutlich ab. Das versprach die Trefferergebnisse erheblich zu verbessern.

In Frankreich hatte man damals aber keine großen und leistungsfähigen Turbinenhubschrauber. Frankreichs Flugzeugindustrie lieferte eher kleine Maschinen wie die Alouette II oder III.

Also begann man damit diese vergleichsweise leistungsschwachen Hubschrauber mit Panzerabwehrlenkwaffen des Typs SS.11 zu bewaffnen. Die Tests waren erfolgversprechend. Es zeigte sich aber auch, dass das Lenkverfahren der Raketen für den praktischen Einsatz immer noch zu kompliziert war.

In der Bundesrepublik hatte es ähnliche Versuche gegeben. Sie fanden an der Heeresfliegerschule Bückeburg statt und führten zum gleichen Ergebnis wie in Frankreich: Es musste eine vollkommen neue Generation von Lenkwaffen entwickelt werden.

Diese Generation sollte mit dem Zweipunktlenkverfahren[25] ausgerüstet werden. Bei diesem Verfahren musste der Lenkschütze nur noch das Fadenkreuz seiner Zieloptik mit dem Panzer in Deckung bringen und solange dort halten, bis die Rakete einschlug. Alle Kurskorrekturen der Waffe wurden von der Steuereinheit an Bord des Hubschraubers automatisch errechnet, an die Rakete weitergeleitet und von dieser ausgeführt. Die Lenkung der Rakete sollte, wie gehabt, per Draht erfolgen.

In deutsch-französischer Zusammenarbeit entstand die Panzerabwehrlenkwaffe HOT. Mit dieser Rakete sollte es möglich sein Hubschrauber mit Panzerabwehrlenkwaffen auszurüsten. Die Arbeiten an dieser Waffe begannen 1964 mit ersten Vorstudien. Es dauerte geschlagene zwölf Jahre bis die HOT endlich einsatzbereit war und in den Truppendienst überführt werden konnte.

Zu diesem Zeitpunkt waren die französischen Alouette Hubschrauber längst veraltet und größtenteils bereits ausgemustert. Eine neue Hubschraubergeneration war entstanden. In Frankreich trat die SA342 Gazelle in die Fußstapfen der Alouette. In der Bundesrepublik wurde die Bo 105 in Dienst gestellt.

Beiden Hubschraubern war gemein, dass sie vergleichsweise klein und hochgradig agil waren. Sie sollten zu Panzerabwehrhubschraubern umgerüstet werden, was wiederum einige Jahre in Anspruch nahm.

Die Idee, die hinter dem Panzerabwehrhubschrauber stand, war recht einfach. Der Hubschrauber sollte bei der Abriegelung feindlicher Panzerangriffe zum Einsatz kommen. Man nahm an, dass die Sowjetarmee mit ihren Panzermassen versuchen würde die Verteidigungslinien der NATO zu durchbrechen. Dazu würde sie massierte Panzerkeile anwenden, um dann, nach erfolgreichen Durchbruch, einen Panzerraid[26] zu starten. Panzerabwehrhubschrauber würden versuchen diese Panzerraids zu stoppen. Sie sollten, Wespen gleich, die feindlichen Panzerverbände umschwirren und bei passender Gelegenheit auf Schlagentfernung herangehen und ihre Panzerabwehrlenkwaffen einsetzen. So sollte die Zahl der gegnerischen Panzer sukzessive reduziert werden.

Da Hubschrauber als hochmobil galten, konnten Panzerabwehrhubschrauber die Funktion der „Feuerwehr" übernehmen und schnell von Brennpunkt zu Brennpunkt verlegt werden.

Die Taktik der Panzerabwehrhubschrauber sah die Annäherung an den Gegner im Tiefstflug vor. Dabei sollten alle

Alouette III mit Panzerabwehrlenkwaffe SS.11 alias AS.11 und MG-Bewaffnung. (Foto: Sud Aviation)

natürlichen Deckungsmöglichkeiten ausgenutzt werden. Bei Erreichen der Schlagdistanz hatten die Hubschrauber einen „Kampfsprung" ausführen. Der Kampfsprung war das schnelle Aufsteigen auf die Flughöhe, die zum Einsatz der Waffen notwendig war. Dann sollte der Waffeneinsatz erfolgen.

Eine andere Taktik sah vor die Hubschrauber in Hinterhaltpositionen zu stationieren. Von diesen Positionen sollten sie von Fliegerleitoffizieren abgerufen werden und von diesen eine Zielzuweisung erhalten. Die Hubschrauber starteten daraufhin, führten den Kampfsprung aus und feuerten ihre Waffen ab. Danach sollten sie abdrehen und auf eine neue Warteposition verlegt werden.

So einleuchtend diese Taktik auch war, es gab ein großes Problem. Während der gesamten Zeit des Waffeneinsatzes musste der Hubschrauber ungeschützt in seiner Position verharren und war feindlichem Gegenfeuer ausgesetzt. Diese Frist konnte je nach Gefechtsentfernung zwischen fünf und 20 Sekunden betragen.

Problematisch war, dass die Gegenseite eine gute Truppenluftabwehr besaß. Die als TLA bezeichnete Truppenluftabwehr begleitete die Panzertruppen und schützte sie vor Angriffen aus der Luft. Sie war mit mobilen Fla-Raketenkomplexen[27] unterschiedlichster Reichweite und Fla-SFL[28] Schilka ausgerüstet. Vor allem letztere formten einen für Hubschrauber tödlichen Schutzschirm über den Panzerverbänden. Schilkas hatten eine Reichweite von etwa zwei Kilometern.

Gazelle feuert HOT Rakete ab. (Foto: Sammlung Normann)

Für das Überleben der Panzerabwehrhubschrauber war es unabdingbar, dass sie sich aus dieser Todeszone heraushielten. Und außerhalb der zwei Kilometerzone lebten sie auch gefährlich, hatten sie es doch mit Fla-Raketen unterschiedlichster Kaliber und Reichweiten zu tun. Selbst Artilleriefeuer konnte den Panzerabwehrhubschraubern gefährlich werden, denn der Beschuss erkannter Hubschrauberpositionen gehörte zum Aufgabenumfang der Artillerie des Warschauer Vertrages.

Man ging aber bei der Bundeswehr davon aus, dass die Panzerabwehrhubschrauber dank ihrer hohen Agilität in der Lage wären sich einem Gegenfeuer zu entziehen. Außerdem waren die Helikopter recht klein und deshalb schwer aufzuklären.[29]

1972 wurde im Raum Ansbach eine Übung durchgeführt bei der simulierte Panzerabwehrhubschrauber Panzer bekämpften. Den Hubschraubern gelang ein Abschussverhältnis von 15 : 1. Damit war das Konzept des Panzerabwehrhubschraubers bestätigt. In einer kurzen Phase der Euphorie glaubte man die Panzerabwehrhubschrauber auch zur freien Jagd ins Hinterland des Gegners schicken zu können. Doch zeigten Berechnungen bald, dass dort die Verluste der Hubschrauber drastisch ansteigen würden, weshalb es beim Einsatz über eigenem Gebiet blieb.

In der Bundesrepublik wurde 1980 der Panzerabwehrhubschrauber Bo 105P unter der Bezeichnung PAH-1 in Dienst gestellt. Etwa zur gleichen Zeit trat die SA342L Gazelle ihren Dienst bei den französischen Streitkräften an.

Der erste Härtetest für den Panzerabwehrhubschrauber war der Libanonkrieg 1982. Frankreich hatte einige SA342 Gazelle an Syrien verkauft, weshalb die Syrer in der Lage waren diese Hubschrauber zur Abwehr der israelischen Angriffe in der Bekaaebene einzusetzen.

Die hochagilen Helikopter fanden in der deckungsreichen Gegend genügend Einsatzmöglichkeiten und zerstörten eine beträchtliche Anzahl israelischer Fahrzeuge, darunter auch die damals modernsten israelischen Kampfpanzer vom Typ Merkava.

Der Abschuss von bis zu 80 israelischen Fahrzeugen[30], bei geringen eigenen Verlusten, wurde als Bestätigung für die Richtigkeit des Konzeptes eines Panzerabwehrhubschraubers angesehen.

Weil die syrischen SA342 Gazelle mit der deutsch-französischen Lenkwaffe HOT ausgerüstet waren gab es böses Blut zwischen Israel und der Bundesrepublik Deutschland. Die Israelis warfen den Deutschen Antisemitismus vor. Interessanterweise beschwerten sie sich nicht bei den Franzosen.

Um fair zu sein: die Bundesrepublik war auch nicht wirklich glücklich mit der Lieferung der HOT an Syrien. Syrien war auch damals schon ein enger Verbündeter der Sowjetunion. Deshalb gelangten HOT-Raketen aus syrischen Beständen sehr bald in die Hände der Sowjets, die die moderne westliche Rakete aufs Genaueste analysierten, um

anschließend den Schutz ihrer Panzer drastisch zu verbessern.

Die Erfolge des Panzerabwehrhubschraubers im Libanonkrieg machten den Franzosen und Bundesdeutschen Hoffnung, dass sie mit ihren Gazelle und PAH-1 auch gegen die sowjetischen Panzermassen im Herzen Europas würden bestehen können.

Es wurden aber auch Schwachpunkte des Panzerabwehrhubschrauberkonzeptes offensichtlich, so dass man sich sowohl in Frankreich, als auch in der Bundesrepublik Deutschland darüber Gedanken machte, wie die nächste Generation der Panzerabwehrhubschrauber auszusehen hätte.

In der Bundesrepublik stellte die Bundeswehr ein Konzept zusammen, das sich PAH-2 nannte. Das war der erste Schritt auf dem langen Weg zum Kampfhubschrauber Tiger.

Deutsches Vorläufermodell PAH-1

Der PAH-1 kann als Musterbeispiel einer gelungenen Transformation eines erfolgreichen Zivilhubschraubers in einen Waffenträger angesehen werden. Das Kürzel „PAH" stand für Panzerabwehrhubschrauber.

Ausgangsbasis des PAH-1 war die Bo 105. Die Bo 105 war ein ziviler Mehrzweckhubschrauber, der ab 1962 entwickelt wurde. Der Erstflug fand am 16.02.1967 statt. Die Flugerprobung dauerte bis ins Jahr 1971.

Ab 1978 beschaffte die Bundeswehr die Version Bo 105M als Beobachtungs- und Verbindungshubschrauber. Sie stand bis 2017 im Einsatz.

Vom weltweiten Trend zum Einsatz von Kampfhubschraubern koppelte sich die Bundeswehr zunächst ab. Nicht weil man den Wert eines solchen Waffensystems ignorierte, sondern weil es zu Auseinandersetzungen zwischen Heer und Luftwaffe kam, welcher Teilstreitkraft das „Recht" zustünde, die eigene Truppen aus der Luft zu unterstützen. Die Luftwaffe setzte sich durch. Dem Heer wurde lediglich erlaubt Hubschrauber zum Zwecke der Panzerabwehr über eigenem Gebiet einzusetzen. Damit war der Weg zur Beschaffung eines echten Kampfhubschraubers versperrt. Als Ausweg wurde erwogen die Bo 105 mit Panzerabwehrlenkflugkörpern zu bewaffnen, woraufhin die Bo 105P entstand. Dieses Modell wurde ausgiebig getestet und ab 1980 unter der Bezeichnung PAH-1 in die Truppe eingeführt.

Die Bo 105P alias PAH-1 war ein verhältnismäßig kleiner, doppelsitziger, zweimotoriger bewaffneter Hubschrauber mit Landekufen, Vierblatthauptrotor und zweiflügligem Heckrotor. Die Besatzung saß nebeneinander, wobei der Platz des Hubschrauberführers rechts war und der Bordschütze links saß. Ein Notsitz hinter dem Piloten war zusätzlich vorhanden.

Der PAH-1 war die erfolgreiche Adaption eines leichten Zivilhubschraubers für die militärische Rolle der Panzerabwehr. (Foto: Bundeswehr, Mandt)

Der PAH-1 war mit sechs Panzerabwehrlenkwaffen des Typs HOT ausgerüstet. Diese wurden jeweils zu dritt an zwei Außenträgern mitgeführt. Von den Außenträgern gab es mehrere Varianten. So gab es eine Variante bei der die Raketen waagerecht nebeneinander angeordnet waren, während sie bei einer zweiten Variante stufenförmig nach oben versetzt wurden.

Die Bo 105P ist auch mit Vierfachstartern gezeigt worden. Diese wurden jedoch nicht bei der Bundeswehr eingeführt, weil zusätzliches Gewicht und Luftwiderstand die Flugleistungen zu sehr eingeschränkt hätte.

Eine weitere interessante Entwicklung war der Versuch den PAH-1 mit einem optischen Mastvisier auszustatten. Das Ophelia genannte System war auf dem Rotorkopf montiert. Es war um 360° drehbar und sowohl am Tag, als auch bei Nacht einsetzbar. Ophelia wurde nicht in den Truppendienst übernommen, bildete aber den Ausgangspunkt für die Entwicklung des Mastvisiers Osiris, welches später im Kampfhubschraubers Tiger UHT zum Einsatz kam.

Viele PAH-1 wurden zu Transporthubschraubern Bo 105M umgerüstet. (Foto: Bundeswehr, Winkler)

Der PAH-1 war mit sechs Panzerabwehrwaffen des Typs HOT ausgerüstet. (Foto: Bundeswehr, Trotzki)

Der PAH-1 war hochgradig agil und wurde von seinen Piloten gern geflogen. (Foto: Bundeswehr, Mandt)

Die Bo 105P war ein zuverlässiger und langlebiger Hubschrauber. Dank ihres gelenklosen Hauptrotors war sie außerordentlich agil und konnte mit phänomenalen Flugmanövern glänzen. Die Bo 105P wurde von ihren Piloten sehr gern geflogen. Nachteilig waren der fehlende Panzerschutz und die mangelnde Nachtkampffähigkeit.

Ende der 1980er-Jahre gab es Bestrebungen aus der Bo 105 einen Begleitschutzhubschrauber abzuleiten. Dieser sollte mit Luft-Luft-Raketen Stinger und möglicherweise mit einer Bordkanone im Drehturm ausgerüstet werden. Die Aufgabe des Begleitschutzhubschraubers wäre es gewesen den Einsatz der PAH-1 abzusichern und diese gegen feindliche Hubschrauber zu schützen.[31] Wegen der politischen Wende im Osten Europas wurde das Projekt des Begleitschutzhubschraubers verworfen.

Nach dem Ende der Ost-West-Konfrontation wurden viele PAH-1 in reine Transporthubschrauber umgerüstet. Dazu entfernte man die Waffenträger, sowie die Teile der Bordelektronik, die zur Lenkung der Panzerabwehrwaffen notwendig waren. So konfiguriert wurden die Hubschrauber unter der Typenbezeichnung Bo 105 von den Heeresfliegern bis ins Jahr 2017 im Flugdienst verwendet.

Heute ist die Bo-105P alias PAH-1 in verschiedenen Museen Deutschlands zu besichtigen. So unter anderem im Luftwaffenmuseum Gatow und im Hubschraubermuseum Bückeburg.

Bei Flugshows kann man zivile Bo-105 auch heute noch beobachten.

Technische Daten der Bo 105P alias PAH-1	
Abmessungen	
Rotorkreisdurchmesser	9,84 m
Rumpflänge	8,81 m
Länge über alles	11,86 m
Höhe	3,80 m
Rotorkreisfläche	76,05 m²[22]
Rotorblattzahl	4-Blatthaupt-, 2-Blattheckrotor
Massen	
Leermasse	1.675 kg
Startmasse	2.400 kg
max. Startmasse	2.700 kg
Treibstoffmenge	456 kg / 560 l
Antrieb	2 × Allison 250 C20B
Startleistung	2 × 313 kW / 425 PS
Flugleistungen	
Höchstgeschwindigkeit	270 km/h
Marschgeschwindigkeit	210 km/h
Reichweite	300 – 600 km
Gipfelhöhe	4.300 m
Steiggeschwindigkeit	bis 9,0 m/s
Bewaffnung	
Waffenstationen	6 × Lenkwaffen HOT
Besatzung	2

CGI

Französisches Vorläufermodell SA342 Gazelle

Die Aerospatiale SA342 Gazelle entstand als direkte Weiterentwicklung der erfolgreichen Alouette II. Wie diese sollte sie als leichter Verbindungs- und Beobachtungshubschrauber für das französische Militär Verwendung finden. Der Jungfernflug des ersten Prototyps fand am 07.04.1967 statt. Die Serienfertigung begann 1971.

Die Gazelle war ein kleiner, doppelsitziger, einmotoriger Hubschrauber mit Landekufen, Dreiblatthauptrotor und ummantelten 13-Blatt Heckrotor. Dieser Fenestron genannte Heckrotor war damals eine hochinnovative Neuheit im Hubschrauberbau. Er erhöhte die Betriebssicherheit der Maschine ganz erheblich und reduzierte gleichzeitig den Geräuschpegel. Der Fenestron war allerdings nicht ganz so effizient wie ein konventioneller Heckrotor.

Die Gazelle wurde für den Hersteller sowohl zivil, als auch militärisch ein großer Erfolg. Sie wurde in Großbritannien und Jugoslawien in Lizenz gefertigt.

Sehr bald nach ihrer Indienststellung bei den französischen Streitkräften wurde die Möglichkeit untersucht die SA342 Gazelle zu bewaffnen. Für diesen Zweck konnte sie mit Außenlastträgern versehen werden, an denen Kanonenbehälter oder Behälter für ungelenkte Raketen befestigt werden konnten. Eine Panzerung für Besatzung und wichtige Bauelemente gab es nicht.

Als quasi Parallelentwicklung zur deutschen Bo 105P alias PAH-1 wurde die Version SA342L Gazelle so modifiziert, dass sie sechs Panzerabwehrlenkwaffen des Typs HOT zum Einsatz bringen konnte. Eine als SA342M bezeichnete verbesserte Version mit stabilisierter Zieloptik, allerdings nur mit vier HOT Lenkwaffen bewaffnet, wurde von der französischen Armee als Panzerabwehrhubschrauber eingesetzt.

Die Gazelle wurde vielfach exportiert. Ihre Feuertaufe erlebte sie während des Libanonkrieges 1982. Die in syrischen Diensten stehende Gazelle erwies sich als erstaunlich effektiv. Trotz fehlenden Panzerschutzes und vereinfachter Zieloptiken gelang es den syrischen SA342 schwere Verluste unter den israelischen Marschkolonnen zu verursachen. Verschiedenen Angaben zufolge wurden bis zu 30 israelische Panzer und bis zu 50 andere Fahrzeuge durch Gazelle Hubschrauber vernichtet. Diese Erfolge wurden der hohen Agilität des Hubschraubers und der großen Präzision der eingesetzten Lenkwaffen zugeschrieben.

In französischen Diensten wurde die Gazelle in verschiedensten Konflikten in Afrika und in Afghanistan eingesetzt. Lange Zeit bildeten dabei SA342 und Tigre HAP Paare, die sich gegenseitig unterstützten. Beim Einsatz als Paar übernahm der Tigre HAP die Aufklärung und den Schutz der Gazelle, während die Gazelle erkannte Hochwertziele mit ihren Panzerabwehrlenkwaffen aus großer Distanz bekämpfte.

Die SA342 steht auch heute noch im Dienst der ALAT genannten französischen Armeefliegerkräfte.

Einen Filmauftritt hatte die Gazelle im Hollywood-Blockbuster „Das fliegende Auge“. Bevor sie zum Fernsehstar werden konnte wurde die Gazelle jedoch stark umgebaut.

Technische Daten der SA342L Gazelle	
Abmessungen	
Rotorkreisdurchmesser	10,50 m
Rumpflänge	9,52 m
Länge über alles	11,97 m
Höhe	3,19 m
Rotorkreisfläche	86,59 m²
Rotorblattzahl	3 Blatthaupt-, 13 Blattheckrotor
Massen	
Leermasse	955 kg
Startmasse	1.900 kg
max. Startmasse	2.000 kg
Treibstoffmenge	–
Antrieb	1 × Turbomeca Astazou-XIVM
Startleistung	1 × 640 kW / 870 PS
Flugleistungen	
Höchstgeschwindigkeit	310 km/h
Marschgeschwindigkeit	270 km/h
Reichweite	650 – 750 km
Gipfelhöhe	4.500 m
Steiggeschwindigkeit	bis 9,6 m/s
Bewaffnung	
Waffenstationen	4 – 6 × Lenkwaffen HOT
	4 × Lenkwaffen AS.11
	2 × Lenkwaffen AS.12
	2 × Behälter für 68 mm Raketen
	2 × 7,62 mm MG oder 20 mm Kanonenbehälter
Besatzung	2

Die Gazelle wurde in Afghanistan eingesetzt. (Foto: ISAF-media, Valverde)

Der lange Weg zum Kampfhubschrauber Tiger

In den späten 1960er- und frühen 70er-Jahren hatte sich in den Militärkreisen der Wert des Kampfhubschraubers herumgesprochen. Die Amerikaner nutzten ihre AH-1 Cobra im Vietnamkrieg sehr intensiv und waren bestrebt die AH-56A Cheyenne einsatzbereit zu bekommen. In der Bundesrepublik mehrten sich Stimmen, die einen Kampfhubschrauber für die Bundeswehr forderten. Da die Entwicklung eines solchen Waffensystems langwierig und vor allem teuer zu werden versprach, setzte man darauf Kosten und Entwicklungsrisiken durch Kooperationen im europäischen Rahmen zu verringern.[32]

Der erste Ansatz sah vor gemeinsam mit Italien einen Kampfhubschrauber zu entwickeln. Italien schien ein perfekter Partner zu sein, hatten die Italiener doch bereits eine eigene Hubschrauberindustrie aufgebaut und Erfahrungen bei der Lizenzproduktion amerikanischer Helikopter gesammelt.

1973 taten sich die italienische Firma Agusta und die deutsche Messerschmitt-Bölkow-Blohm, kurz MBB, zusammen, um einen Kampfhubschrauber für die Streitkräfte beider Staaten zu entwerfen. Zunächst schien die Kooperation für beide Seiten nur Vorteile zu bieten. Die Deutschen erhofften sich einen Technologietransfer, die Italiener spekulierten darauf eine große Zahl von Kampfhelikoptern an die Bundeswehr verkaufen zu können.

Doch die Vorstellungen wie ein Kampfhubschrauber auszusehen hatte waren in Italien und der Bundesrepublik grundverschieden. Die Italiener wollten einen echten Kampfhubschrauber auf Basis der Agusta A109[33], die Deutschen nur einen reinen Panzerabwehrhelikopter auf Basis der Bo 105.

Das von der bundesdeutschen Seite vorgeschlagene Modell hieß Bo 115. Es war 1971 zu Papier gebracht worden

Kampfhubschrauber Tiger und Mehrzweckhubschrauber NH 90 sind nebeneinander geparkt bei der Kälteerprobung 2020 in Schweden. (Foto: Bundwehr, Dorow)

und stammte von der Firma Bölkow aus dem bayrischen Ottobrunn, einem Vorort von München.

Die Bo 115 basierte weitestgehend auf der Bo 105. Triebwerke, Getriebe, Rotorsystem, Heckausleger und Landekufen wurden eins zu eins von der Bo 105 übernommen. Verändert wurde nur die Cockpitsektion. Man entschied sich für ein Tandemcockpit, d.h. die Sitze beider Piloten wurden hintereinander angeordnet. Wie bei Kampfhubschraubern üblich saß der Bordschütze vorn und der Hubschrauberführer hinten. Weil die Sitze in der Höhe nicht gestaffelt waren hatte der Pilot nur ein stark eingeschränktes Sichtfeld. Der Blick nach vorn wurde vom Bordschützen weitestgehend blockiert.

In einer 1975 erfolgten Überarbeitung erhielt der Bo 115 Entwurf dann zwei voneinander getrennte Cockpits, die in der Höhe gestaffelt waren. So bekam der Pilot eine ausgezeichnete Sicht nach vorn und zur Seite.

Beiderseits des Rumpfes wurden trapezförmige Stummelflügel angebracht. Sie dienten zur Aufnahme von jeweils zwei Pylonen. Jeder Pylon sollte mit Doppelstartern für Panzerabwehrlenkwaffen des Typs HOT versehen werden. Andere Bewaffnungsvarianten waren nicht möglich. Die Bo 115 hatte ein Bord-MG im Drehturm zur Selbstverteidigung. Der Schutz des Hubschraubers war dürftig, oder um es mit anderen Worten zu sagen: nicht vorhanden. Es gab weder einen Panzerschutz, noch selbstversiegelnde Treibstofftanks.

Die im Vergleich zur Bo 105 schmaler gehaltene Hubschrauberzelle sollte zu besseren Flugeigenschaften führen. Man rechnete mit einer Steigerung der Höchstgeschwindigkeit um 20 km/h, sowie dank der Stummelflügel mit einer verbesserten Agilität.

Die Bo 115 hatte einen sehr schlanken Rumpf. Dieser verringerte den Luftwiderstand und gleichzeitig die Trefferfläche. Die Stummelflügel verbesserten die Agilität des Hubschraubers. (Foto: Sammlung Normann)

Die Bo 115 sollte mit acht Lenkwaffen des Typs HOT bewaffnet werden. (Foto: Sammlung Normann)

Das Projekt Bo 115 wurde bis zum Attrappenstadium vorangetrieben, dann jedoch nicht weiterverfolgt.

Die Italiener waren mit dem Entwurf der Bo 115 alles andere als zufrieden. Zum einen fanden sie den Entwurf optisch wenig ansprechend und äußerst gewöhnungsbedürftig. Zum anderen war ihnen die Einsatzmöglichkeiten der Bo 115 viel zu eingeschränkt.

Die Italiener bestanden zudem auf einem effektiven Panzerschutz. Die Bundeswehr sah im Panzerschutz jedoch nur einen entbehrlichen Ballast.

1975, zwei Jahre nach Beginn der Zusammenarbeit, zeigte sich, dass die Widersprüche nur schwer zu überbrücken waren. Die Vorstellungen beider Seiten ließen sich nicht unter einen Hut bringen. 1978 kam dann der endgültige Bruch. Man trennte sich.

In der Bundesrepublik entstand in der Folge der PAH-1 auf Basis der Bo105. In Italien machte man sich daran aus der A109 einen echten Kampfhubschrauber zu entwickeln. Weil das aber nicht so funktionierte, wie man es sich vorstellte, entstand aus dem italienischen Projekt im Laufe der Zeit die A129 Mangusta.

In der Bundesrepublik war man zunächst mit dem PAH-1 zufrieden, doch mehrten sich schon im Vorfeld der Truppeneinführung Stimmen, die auf die Schwachstellen dieses Hubschraubers hinwiesen. Fehlender Panzerschutz und eine mangelnde Durchsetzungsfähigkeit wurden kritisiert. Deshalb machte man sich auf der Bonner Hardthöhe Gedanken, wie ein PAH-2 auszusehen hatte. So stellte

Die Besatzung der Bo 115 war in einem Tandemcockpit untergebracht. (Foto: Sammlung Normann)

man sich vor, dass der zukünftige Panzerabwehrhubschrauber etwa 5 Tonnen schwer sein sollte, mit einer Marschgeschwindigkeit von 270 km/h unterwegs wäre und dabei eine Flugdauer von zweieinhalb Stunden erreichen könne. Der zukünftige Panzerabwehrhubschrauber sollte zudem nachtkampffähig und bei allen Wetterbedingungen einsetzbar sein. Als Bewaffnung legte man fest, dass mindestens acht Panzerabwehrlenkwaffen mit einer Reichweite von mindestens vier Kilometern zum Einsatz kommen sollten.

Eine dementsprechende Konzeption entstand. Sie sollte im Rahmen einer europäischen Kooperation umgesetzt werden.

Die Bremer Firma VFW-Fokker entwickelte daraufhin in Zusammenarbeit mit der britischen Firma Westland das Kampfhubschrauberprojekt *P.277 Fledermaus*. Das Projekt basierte auf dem bewährten britischen Hubschrauber Westland Lynx und wurde so weit vorangetrieben, dass eine Attrappe gebaut werden konnte. Das Projekt scheiterte schließlich, weil sich weder das britische, noch das deutsche Verteidigungsministerium dafür begeistern konnten.

Die ablehnende Haltung der deutschen Seite ließ sich darauf zurückführen, dass die Bonner Politik einer Kooperation mit Frankreich den Vorzug gab. 1977, also zu einer Zeit als man noch mit den Italienern kooperierte und an den PAH-2 noch gar nicht zu denken war, begannen sich erste Kontakte zwischen MBB und der französischen Firma Aerospatiale anzubahnen. Ziel war es einen europäischen Kampfhubschrauber zu bauen, dessen Fokus ausschließlich auf die Panzerabwehr ausgerichtet wurde.

Doch zunächst kam es auch zwischen Bundesdeutschen und Franzosen zu heftigen Auseinandersetzungen wie der Kampfhubschrauber auszusehen hatte. Die Franzosen bevorzugten einen relativ einfach gehaltenen Hubschrauber, der mit nur einem Triebwerk auskam und ausschließlich am Tage und bei guten Wetterbedingungen zum Einsatz kommen sollte. Dieser Hubschrauber sollte kostengünstig zu produzieren sein. Außerdem wünschten sich die Franzosen die Maschine weltweit exportieren zu können.

Viele Bauelemente der Bo 105M wurden in der Bo 115 wiederverwendet. (Foto: Sammlung Normann)

Die Bundesdeutschen wollten einen zweimotorigen Hubschrauber, der zudem eine hochentwickelte Sensorik erhalten sollte, um auch bei Nacht, bei eingeschränkter Sicht und bei schlechtem Wetter, Panzer bekämpfen zu können. Exporte waren nach westdeutscher Sicht nur an NATO-Staaten möglich. Auf keinen Fall sollte der Hubschrauber von Feinden Israels verwendet werden. Frankreich hatte nicht nur mit der letzten Prämisse ein Problem.

Man schien zunächst auf keinen grünen Zweig zu kommen. Beide Nationen bauten deshalb und unabhängig voneinander, speziell auf die eigenen Bedürfnisse zugeschnittene Panzerabwehrhubschrauber. Die Franzosen stellten die SA 342L Gazelle in Dienst und die Deutschen den PAH-1.

Diese Hubschrauber waren in ihrer Einsatzform einzigartig. Sie waren beide ungepanzert und mussten sich des-

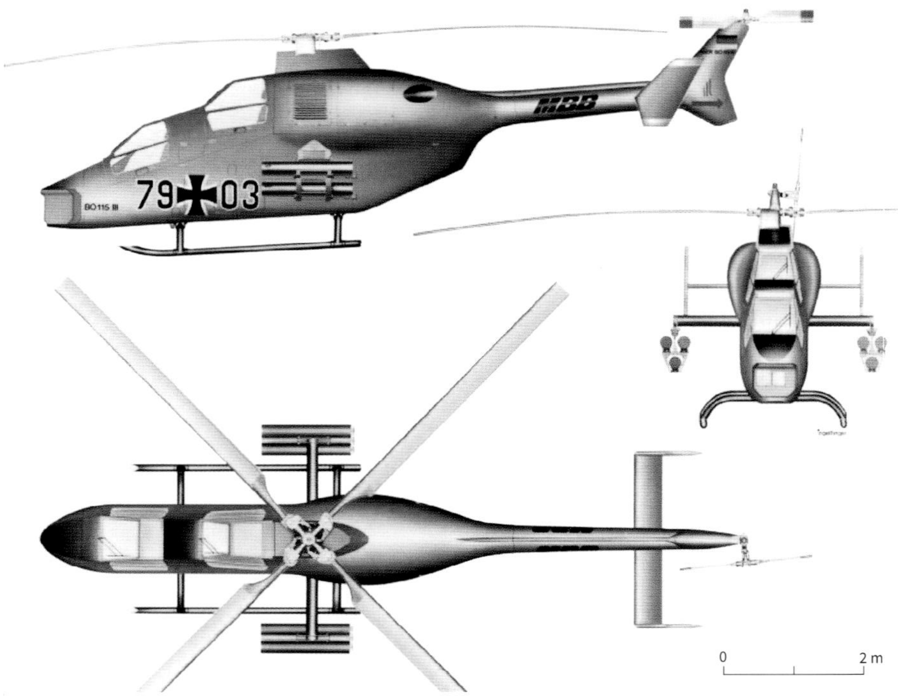

Entwurf der Bo 115 von 1975. (Foto: Sammlung Normann)

halb einer direkten Konfrontation mit dem Feind möglichst entziehen. Sie konnten lediglich aus der Distanz ihre Ziele bekämpfen. Dies wurde zunächst als großes Manko angesehen, doch zeigte sich im Libanonkrieg 1982, dass gut geflogene und taktisch richtig eingesetzte Panzerabwehrhubschrauber durchaus in der Lage waren einem Gegner ernsthafte Verluste beizubringen.[34]

Dieser Erfolg konnte aber nicht darüber hinwegtäuschen, dass sowohl die Gazelle, als auch der PAH-1 den Vergleich zur internationalen Kampfhubschrauberentwicklung nicht bestehen konnten. Das Maß aller Dinge war der amerikanische Kampfhubschrauber AH-64A Apache. Der Kampfhubschrauber Apache deklassierte die westeuropäischen Hubschrauber in nahezu allen Bereichen.

Deshalb entschlossen sich die politischen Führungspersönlichkeiten Frankreichs und der Bundesrepublik den Gedanken an einen gemeinsamen Kampfhubschrauber wieder aufleben zu lassen.

Um den unterschiedlichen Anforderungen der Streitkräfte beider Staaten gerecht werden zu können kam man auf die Idee den Hubschrauber nach einem Baukastensystem zu entwickeln. Antrieb, Rotorsystem, Fahrwerk, Cockpit und Zelle sollten bei allen Varianten des neuen Hubschraubers identisch sein. Nur Sensorsysteme, Avionik und Bewaffnung sollten sich entsprechend der jeweiligen Forderungen unterscheiden. Man erhoffte sich durch diesen Ansatz große Synergieeffekte und geringere Kosten.[35]

1984 wurde ein gemeinsamer deutsch-französischer Anforderungskatalog herausgegeben. Daraufhin gingen die Firmen Aerospatiale und MBB ein Joint Venture ein.[36]

Im selben Jahr kamen Frankreich und die Bundesrepublik überein drei Varianten des neuen Kampfhubschraubers zu bauen. Einen Panzerabwehrhubschrauber für die Bundeswehr, kurz PAH-2. Einen Panzerabwehrhubschrauber für die Armee de Terre, kurz HAC[37] und ebenfalls für die Franzosen einen einfach ausgerüsteten Geleit- und Unterstützungshubschrauber, kurz HAP.

Die Bundesrepublik plante 212 Hubschrauber der Variante PAH-2 zu beschaffen. Sie sollten in fünf Kampfhubschrauberverbänden zum Einsatz kommen. Frankreich wollte seine Streitkräfte mit 130 bis 140 Panzerabwehrhubschraubern HAC und 75 Geleithubschraubern HAP ausrüsten.

Die Entwicklungs- und Beschaffungskostenkosten wurde zu diesem Zeitpunkt auf 18 Mrd. DM[38] geschätzt. Sie sollten paritätisch auf beide Seiten aufgeteilt werden. Doch bald begannen die Kosten aus dem Ruder zu laufen. Das Militär gefiel sich darin die Anforderungen an den neuen Kampfhubschrauber sukzessive nach oben zu schrauben, die Industrie liebte es immer neue Fähigkeiten anzupreisen. 1986

Technische Daten der Bo 115 (Projektierte Daten)	
Abmessungen	
Rotorkreisdurchmesser	9,84 m
Rumpflänge	9,70 m
Länge über alles	11,86 m
Höhe	3,00 m
Rotorkreisfläche	76,05 m²
Rotorblattzahl	4 Blatthaupt-, 2 Blattheckrotor
Massen	
Leermasse	1.620 kg
Startmasse	2.400 kg
max. Startmasse	2.500 kg
Treibstoffmenge	456 kg 560 l
Antrieb	2 × Allison 250 C20B
Startleistung	2 × 313 kW / 425 PS
Flugleistungen	
Höchstgeschwindigkeit	290 km/h
Marschgeschwindigkeit	270 km/h
Reichweite	500 km
Gipfelhöhe	5.000 m
Bewaffnung	
Waffenstationen	8 × Lenkwaffen HOT
Besatzung	2

zog der Bundesrechnungshof die Reißleine. Kosten und Nutzen des Kampfhubschrauberprojekts standen in keinem vernünftigen Verhältnis zueinander.

Damit war der Entwicklung die Grundlage entzogen und das Projekt wurde eingestellt.

Der Bedarf nach einem Kampfhubschrauber blieb jedoch bestehen. Für die Bundeswehr hätte er leicht durch die Beschaffung amerikanischer Kampfhubschrauber gedeckt werden können. Die Firma Bell Helicopters Co. bot an die modernste Variante der AH-1 Cobra, die zweimotorige und mit einem neuartigen Vierblattrotor ausgestattete AH-1W, zu liefern und offerierte sogar die Möglichkeit diesen Hubschrauber in der Bundesrepublik in Lizenz fertigen zu lassen. Doch die Bundesregierung lehnte Bells Angebot ab. Die *Whiskey Cobra* hatte keine Chance in deutsche Dienste zu treten.

Die Idee, die Bundeswehr mit dem modernen Kampfhubschrauber AH-64A Apache ausrüsten zu wollen, kam ebenfalls nicht über das Stadium von Gedankenspielen hinaus.

Ein Grund für den Verzicht auf amerikanische Kampfhubschrauber war die Männerfreundschaft zwischen Bundeskanzler Helmut Kohl und dem französischen Präsidenten Francois Mitterand. Beiden Politikern lagen europäische Gemeinschaftsprojekte am Herzen und so kamen sie überein das Projekt eines gemeinsam entwickelten Kampfhubschraubers wiederzubeleben. Einen unbestreitbaren Vorteil des Projekts sahen beide Politiker darin, dass die zukünftig für Forschung, Entwicklung und Beschaffung ausgegebenen Gelder in die Kassen europäischer, sprich französischer und deutscher Unternehmen, fließen würden. So sollten lokal Arbeitsplätze geschaffen und gesichert werden. Ein Mittelabfluss in die USA fände nicht statt. Und ganz nebenbei würden die europäischen Hubschrauberbauer neue Technologien entwickeln und neue Fertigkeiten erlernen, die sie später gewinnbringend anwenden konnten. Der Entschluss den Amerikanern die kalte Schulter zu zeigen und eigenständig einen Kampfhubschrauber zu entwickeln hatte also auch einen wirtschaftspolitischen Hintergrund.

Dass weder Aerospatiale, noch MBB bis dato einen echten Kampfhubschrauber entwickelt hatten, die Entwicklung auch nicht auf einem bereits existierenden Hubschrauber basieren sollte und deshalb mit enormen Entwicklungsrisiken verbunden war, spielte im Überschwang der paneuropäischen Gefühle keine Rolle.[39]

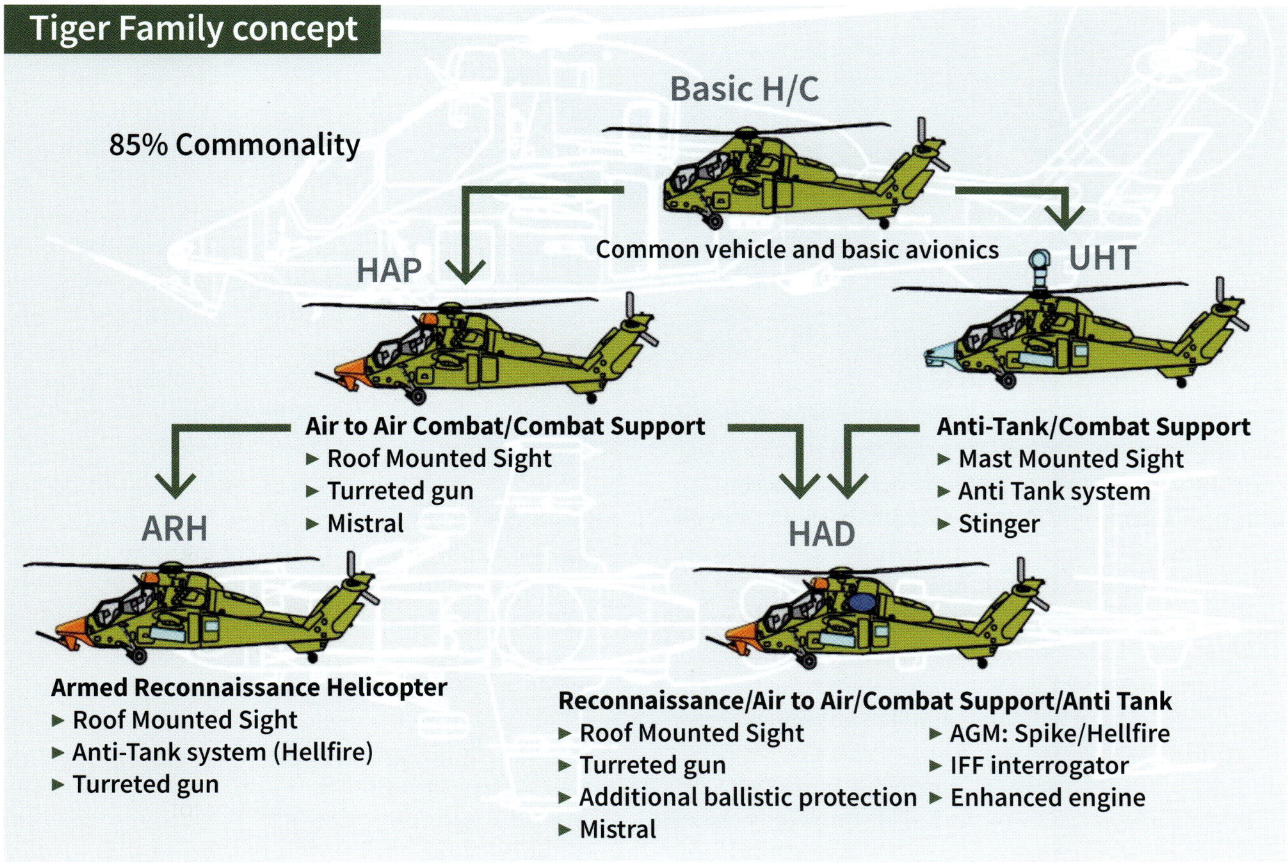

Das Konzept sah vor den Kampfhubschrauber Tiger nach dem Baukastenprinzip zu bauen. (Foto: Eurocopter)

Nüchtern betrachtet hätte man die kostentreibenden Entwicklungsverzögerungen und Pannen der 1990er- und 2000er-Jahre zu diesem frühen Zeitpunkt bereits voraussahnen können.

1987 wurde das Projekt wiederbelebt. Geplant war nun den neuen Hubschrauber innerhalb von zehn Jahren zur Serienreife zu bringen. Der Bau des französischen Geleithubschraubers HAP sollte 1997 beginnen, die Panzerabwehrhubschrauber HAC und PAH-2 würden der Truppe laut Plan ein Jahr später zulaufen. Am 13.11.1987 wurden die entsprechenden Verträge geschlossen. Die Planungsarbeiten begannen. Beide Seiten brachten Ideen und Technologien ein. Interessant ist, dass die ersten Entwürfe einen Hubschrauber zeigten, der stark an die spätere, italienische A129 Mangusta erinnerte.

Weil die Kosten auch weiterhin explodierten kamen beide Seiten im März 1988 überein die Entwicklung der deutschen und französischen Panzerabwehrvarianten auf eine gemeinsame Basis zu stellen. Dabei sollte der französische HAC an den deutschen PAH-2 angeglichen werden.[40]

Die frühe Studie des PAH-2 erinnerte noch stark an die italienische A129 Mangusta. (Foto: Sammlung Normann)

1989 waren die Projektarbeiten so weit vorangeschritten, dass im November der Bau von fünf Prototypen in Auftrag gegeben wurde. Mit den ersten drei Prototypen sollte die grundlegende Flugerprobung durchgeführt werden, während Nummer 4 der Prototyp für den Geleithubschrauber HAP werden und Nummer 5 als Prototyp für den Panzerabwehrhubschrauber fungieren sollte. Der Geleithubschrauber erhielt in der Zwischenzeit den Namen „Gerfaut", der Panzerabwehrhubschrauber firmierte unter der Bezeichnung „Tiger", bzw. französisch „Tigre".

Zu diesem Zeitpunkt stand das Projekt noch unter einem günstigen Stern. Es gab bereits über 400 Festbestellungen für den neuen Kampfhubschrauber und die Aussichten auf künftige Exportgeschäfte waren auch nicht schlecht. Großbritannien, die Niederlande, Spanien, aber auch Nationen wie Indien und Saudi-Arabien suchten perspektivisch nach Kampfhubschraubern. Der Tiger hatte das Potential ein voller Erfolg zu werden.

Doch dann kam die politische Wende im Osten Europas. Innerhalb eines Jahres verschwand die DDR, der Warschauer Vertrag zerbrach und die Sowjetunion stürzte in ein ökonomisches und politisches Chaos. Der NATO kam der Feind abhanden.

Für die Entwicklung des Kampfhubschraubers Tiger bedeutete das nichts Gutes. Und zwar deshalb, weil die Bundeswehr plötzlich und quasi über Nacht in den Besitz echter und leistungsfähiger Kampfhubschrauber gelangte. Plötzlich hatte man genügend Mi-24 um zwei Kampfhubschrauberregimenter auszustatten. Darunter auch Maschinen der kampferprobten, modernen Version Mi-24P, die gerade einmal ein Jahr alt und kaum eingeflogen waren. Zwölf weitere Maschinen dieses Typs waren für das Jahr 1990 avisiert, sie mussten nur noch abgerufen und bezahlt werden.

Wenn man diese Option genutzt hätte, hätte die Bundeswehr eine schlagkräftige Kampfhubschrauberwaffe zum Bruchteil der Kosten, die für die Entwicklung des Tigers geplant waren, haben können. Diese Chance wurde aber vergeben. Nicht weil die Mi-24 schlecht war, ganz im Gegenteil. Sie wurde vergeben, weil man in der Bundeswehr nicht auf der Höhe der Zeit war. Der Einsatz von Kampfhubschraubern war nach bundesdeutscher Sicht nur in defensivem Rahmen, nur über eigenem Gebiet und ausschließlich zur Abwehr von Panzern möglich. Ein offensiver Kampfhubschrauber, wie die Mi-24, passte nicht in die Vorstellungswelt der Bundeswehrführung. Außerdem waren der westdeutsch dominierten Politik neue Arbeitsplätze in Bayern wichtiger als der Erhalt von Arbeitsplätzen in Dresden.[41] Deshalb betrieb man die Mi-24 nur pro forma ein paar Jahre weiter, verschenkte sie dann an Verbündete oder stellte sie im Museum ab.

Dank der Bundeswehrführung, die jegliche Kampftechnik aus dem Osten für Schrott hielt, und der hartnäckigen Arbeit der Lobbyisten konnte das Tiger-Programm die Klippe Mi-24 erfolgreich umschiffen.

Dennoch blieb das Projekt „Tiger" in schwerem Fahrwasser. Die Kosten der Wiedervereinigung beider deutscher Staaten waren so hoch, dass der Verteidigungshaushalt massiv zusammengestrichen werden musste. Geldkanäle, die bis zur Wende üppig sprudelten, drohten zu versiegen. Bald schon begann man sich in den Bonner Regierungs-

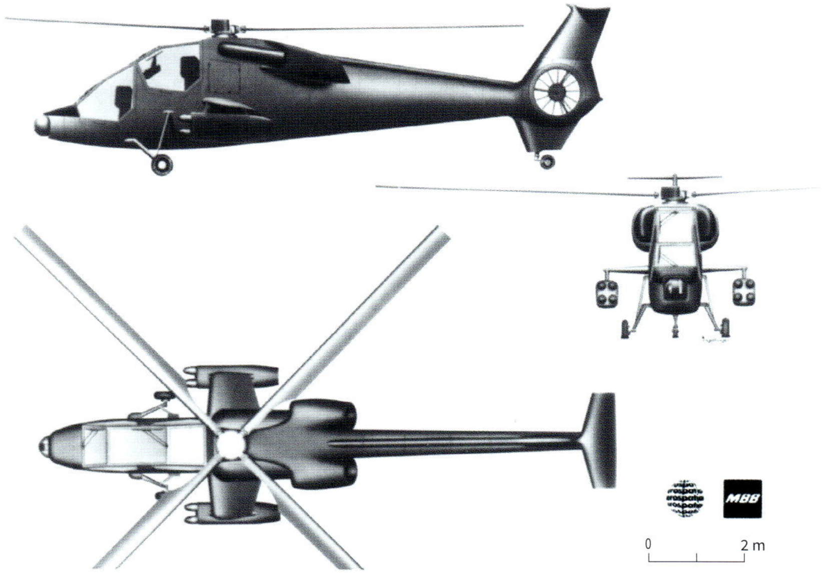

Dreiseitenriss der frühen PAH-2-Studie. (Foto: Sammlung Normann)

behörden zu fragen, ob das Tiger-Programm in seinem geplanten Umfang überhaupt noch sinnvoll sei. Erste Gedanken, die Zahl der zu beschaffenden PAH-2 Tiger zu reduzieren, machten die Runde.

Diese Gedanken gefielen der Bonner Politik, waren doch hohe Verteidigungsausgaben der Bevölkerung nicht mehr vermittelbar. Lieber sprach man von einer Friedensdividende, die es einzufahren galt, und lenkte dementsprechend Gelder vom militärischen in den zivilen Bereich um. Das Totsparen der Bundeswehr begann.

1991 entschied der damalige Bundesverteidigungsminister Stoltenberg die Zahl der zu beschaffenden PAH-2 Tiger von 212 auf 138 Exemplare zu reduzieren. So sollte ein Betrag von 1,26 Mrd. DM eingespart werden. In Frankreich gab man sich ähnlichen Gedankenspielen hin.

Die Kürzungen wirkten sich negativ auf das Tiger-Programm aus. Die Entwicklung verzögerte sich und die Vorbereitung der Serienproduktion wurde behindert.

Doch trotz aller Querelen gingen die Arbeiten an den Prototypen weiter.

Am 27.04.1991 konnte der erste Tiger-Prototyp zum Jungfernflug starten. PT1, wie er genannt wurde, trug die zivile Zulassungsnummer F-ZWWW. Er wurde dazu genutzt das Flugverhalten des Hubschraubers zu erproben. Dabei zeigte sich, dass der Tiger außerordentlich agil war und gleichzeitig eine gute Flugstabilität aufwies. Fluganomalien, wie sie zum Beispiel bei der Erprobung des Mi-24 aufgetreten waren[42], gab es nicht. Deshalb konnte beim Tiger auf die Implementierung eines SAS genannten Stabilisierungssystems verzichtet werden. Stattdessen baute man an den Enden der Heckstabilisatoren kleine Endscheiben an. Sie sorgten für einen noch ruhigeren Flug, verbesserten die Längsstabilität und dämpften Vibrationen, die vom Heckrotor ausgingen.

PT1 war mit einer vereinfachten Avionik ausgerüstet. Daneben war er mit Attrappen von Bordkanone und Mastvisier versehen. Die Stummelflügel waren ebenfalls noch nicht verkabelt, so dass mitgeführte Waffen lediglich der Erprobung des Flugverhaltens dienen konnten.

Die Flugerprobung des PT1 dauerte 502 Flugstunden. Während der Erprobung wurden die Zelle, das Rotorsystem, die Hydraulik, die Triebwerke und das Getriebe auf Herz und Nieren getestet. Nach seiner Flugerprobung wurde PT1 für Strukturbelastungstests weiterverwendet. Ab 1996 nutzte man ihn als Ausstellungsstück.

Während PT1 in seiner äußeren Erscheinungsform dem französischen Panzerabwehrhubschrauber Tigre HAC ähnelte, war das Erscheinungsbild des zweiten Prototyps PT2 dem zukünftigen Geleithubschrauber Gerfaut HAP angenähert. Er hatte kein Mastvisier, dafür aber bereits eine mehr oder weniger vollständige Avionik. PT2, zivile Zulassung F-ZWWY, wurde am 09.11.1992 der Öffentlichkeit vorgestellt und absolvierte am 22.04.1993 seinen Erstflug.

In der ersten Phase seiner Flugerprobung wurde PT2 zur Erprobung der elektronischen Bauteile des Hubschraubers verwendet. Darüber hinaus testete man die Tarneigenschaften des Helikopters. Dazu zählten die Lautstärke, die optische Sichtbarkeit, sowie die Größe der je nach Anstrahlungsrichtung unterschiedlichen Radarrückstrahlfläche.

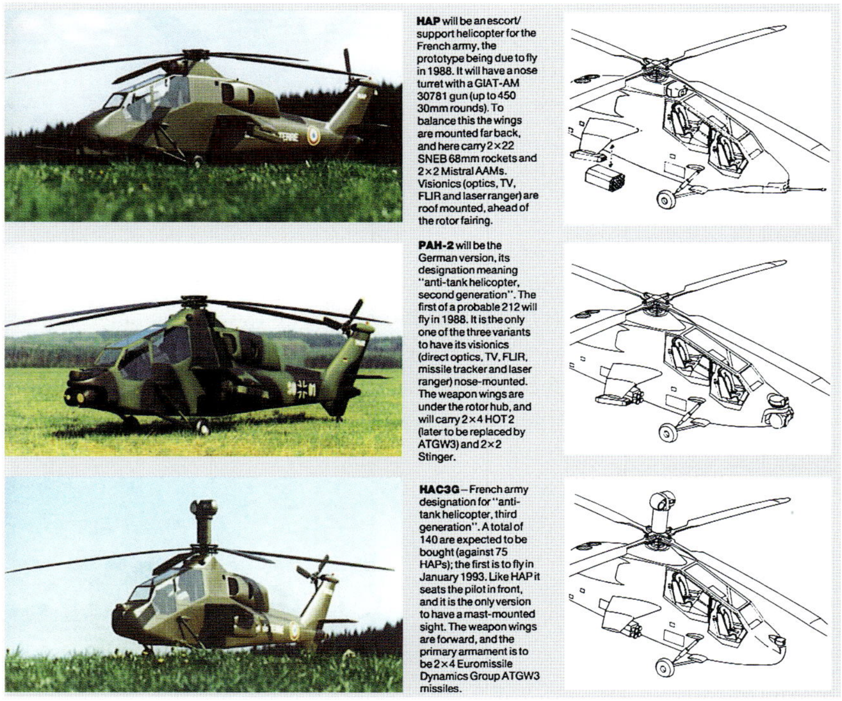

So stellte man sich in den 1980er Jahren die drei Versionen des Tigers vor. (Foto: Sammlung Normann)

Der Erstflug des zweiten Prototyps erfolgte am 22. April 1993. (Foto: Eurocopter)

Der erste Prototyp des Kampfhubschraubes Tiger startete am 22.04. 1993 zum Jungfernflug. (Foto: Airbus Helicopters)

Im November 1996 wurde PT2 auf den HAP Standard aufgerüstet. Dazu gehörten eine schussfähige Bordkanone, sowie die Verkabelung der Haltepunkte unter den Stummelflügeln. Der nun PT2R genannte Prototyp war in der Lage ungelenkte Raketen und Mistral Lenkwaffen im scharfen Schuss einzusetzen. Die Erprobung der Luft-Luft-Rakete Mistral wurde im Dezember 1998 durchgeführt. Die Schusserprobung der ungelenkten Raketen erfolgte im Juni des Folgejahres.

Gefundene Schwachstellen wurden beseitigt und der Prototyp nun PT2R2 genannt. In dieser Konfiguration wurde die Qualifikation des Tigre HAP für den Einsatz in den französischen Streitkräften durchgeführt. Die notwendigen Flüge fanden zwischen dem 04.04. und dem 12.05.2000 statt. Nach Abschluss dieser Flüge wurde PT2 erneut umgebaut und bekam die Fähigkeit Panzerabwehrlenkwaffen HOT-3 einzusetzen. In der PT2X genannten Konfiguration nahm er 2001 an der Flugerprobung für den Tigre HAD teil. Ein Jahr später wurde PT2 dafür genutzt eine Seeerprobung an Bord eines Docklandungsschiffs der französischen Marine durchzuführen.

Die Erprobung des PT2, alias Gerfaut HAP, hinterließ bei der deutschen Seite einen bleibenden Eindruck. Die veränderte politische Situation, der Wegfall der Bedrohung aus dem Osten und die Hinwendung zu Auslandseinsätzen führte dazu, dass die Beschaffung des PAH-2 überdacht wurde. Der PAH-2 war als reiner Panzerabwehrhubschrauber geplant. Für Auslandseinsätze, in der Art wie sie die Bundeswehr Anfang der 90er-Jahre in Somalia durchführte, war er denkbar ungeeignet. Man brauchte dort einen einfachen, zuverlässigen und gut geschützten Kampfhubschrauber. Die Bewaffnung mit einer Bordkanone schien bei Auslandseinsätzen dringend nötig. Deshalb kamen Gedanken auf die Zahl der PAH-2 weiter zu reduzieren[43] und stattdessen eine gewisse Zahl Gerfaut HAP zu beschaffen. Weil der französische Name Gerfaut nicht gefiel nannte man den Hubschrauber fortan UHU, was für Unterstützungshubschrauber stand.

Doch wurde dieses Gedankenspiel bald ad acta gelegt und stattdessen erwogen den PAH-2 so aufzurüsten, dass er zusätzlich in der Lage war eigene Truppen mit ungelenkten Raketen und gegebenenfalls einer Bordkanone zu unterstützen. Aus dem PAH-2 wurde der UHT, der Unterstützungshubschrauber Tiger. Eine Zeitlang plante man den Tiger UHT mit einer 27 mm Bordkanone im Drehturm auszustatten. Nach Abwägung aller Pros und Contras entschloss man sich auf die Bordkanone zu verzichten und stattdessen MG-Behälter zu beschaffen.

Im Juni 1992 wurde der dritte Prototyp fertiggestellt. Gebaut wurde er im deutschen EADS Werk in Ottobrunn. PT3 erhielt das taktische Kennzeichen 98+23 und den zivilen Kenner F-ZWWT.

PT3 war für die Erprobung der Avionik vorgesehen. Er war der erste Prototyp, der einen voll funktionsfähigen Autopiloten und ein einsatzbereites Navigationssystem besaß. Am 19.11.1993 startete PT3 zum Jungfernflug. Die Flugerprobung des PT3 wurde unterbrochen, damit der Hubschrauber an den Dreharbeiten des James Bond-Thrillers „Golden Eye" teilnehmen konnte.

Während der Flugerprobung stellte man fest, dass sich die Rotorblätter bei starker Beanspruchung zu weit durchbogen. Daraufhin wurden die Rotorblätter überarbeitet und in ihrer Struktur verstärkt. Weitere Probleme gab es mit verstärkten Vibrationen, die sowohl im Cockpit, als auch am Heckträger auftauchten. Daraufhin wurde die aerodynamische Verkleidung des direkt unter dem Rotorkopf befindlichen Getriebes überarbeitet und stromlinienförmiger gestaltet. Der Autopilot bereitete ebenfalls Sorgen. Er reagierte überempfindlich. Auch die Triebwerke benötigten noch einige Feinabstimmungen am Einspritzsystem und der ersten Verdichterstufe.

Anfang 1997 wurde PT3 auf den UHT Standard aufgerüstet und hieß nun PT3R. Er erhielt unter anderem ein einsatzfähiges Mastvisier Osiris und ein vollständig einsatzbereites Waffenkontrollsystem. Die Waffenerprobung erfolgte im Juni 1999. Dabei wurden auch Lenkwaffen auf große Distanz und unter schlechten Sichtbedingungen abgefeuert. Eine Wüstenerprobung in Abu Dhabi folgte im September 1999.

2013 wurde PT3R ausgemustert und fand im Hubschraubermuseum Bückeburg eine neue Heimat.

Die ersten drei Prototypen dienten der allgemeinen Erprobung des Kampfhubschraubers Tiger. Der vierte Prototyp sollte hingegen so weit wie möglich dem nun Tigre HAP genannten französischen Geleit- und Unterstützungshubschrauber entsprechen.

PT4 hatte den zivilen Kenner F-ZWWU. Er verfügte über eine vollständige Avionik, die dem HAP Standard entsprach. Dazu gehörten auch erstmals das Helmvisier TopOwl und ein voll einsatzfähiges Dachvisier Strix.

PT4 startete am 15.12.1994 zum Erstflug. Anfang 1995 wurde Strix auf Herz und Nieren getestet. Ab April 1995 erprobte man das Waffensystem. Die Tests beinhalteten die Erprobung von Bordkanone, ungelenkten Raketen und Mistral Luft-Luft-Raketen. Sie dauerten bis 1997.

Im Rahmen der Wintererprobung in Schweden flog PT4 mit Schneekufen an den Rädern. Mit den Kufen sollte verhindert werden, dass der Tiger bei einer Außenlandung im Tiefschnee versank.

PT2 Prototyp Gerfaut F-ZWWY bei der Luftfahrtmesse in Le Bourget. (Foto: Tomasz Szulc)

1998 nahm PT4 an der Präsentation des Tigers für die australischen Streitkräfte teil. Dabei stürzte er am 17. Februar nahe der Ortschaft Townsville bei einem nächtlichen Tiefstflugeinsatz ab, nachdem der Helikopter eine Stromleitung gestreift hatte. Der Hubschrauber brannte aus, die Besatzung erlitt leichte Verletzungen.

Prototyp Nummer 5, alias PT5, trug den taktischen Kenner 98+25 und war das Erprobungsmuster mit dessen Hilfe der deutsche Tiger UHT zur Serienreife gebracht werden sollte. PT5 war mit einem voll einsatzfähigen Osiris-Mastvisier ausgerüstet. Seine Bewaffnungsoptionen entsprachen den deutschen Anforderungen und bestanden aus der Panzerabwehrlenkwaffe HOT, der als Luft-Luft-Rakete verwendeten FIM-92 Stinger und dem 12,7 mm MG-Behälter.

PT5 startete am 08.10.1999 zum Jungfernflug. Im Laufe seiner Erprobung wurde PT5 so umgebaut, dass das Waf-

PT5, Prototyp des Tiger UHT bei der ILA. (Foto: Normann)

Der dritte Prototyp PT3 wurde später für Filmaufnahmen zum James Bond-Thriller Golden Eye verwendet. (Foto: Airbus)

fensystem vollständig dem zukünftigen Serienstandard entsprach. In dieser Konfiguration wurde der Hubschrauber als PT5R bezeichnet.

Zwei weitere Prototypen, PT6 und PT7, wurden gebaut, um Struktur-, Ermüdungs- und Crashtests durchzuführen.

Für jede Variante des Tigers wurden die ersten serienmäßig gebauten Hubschrauber in die Erprobung einbezogen. Das Vorserienmodell PS01 für den Tigre HAP absolvierte am 21.12.2000 seinen Jungfernflug. Es trug eine Zeitlang den zivilen Kenner F-ZVLJ.

Der erste Serien-Tiger UHT flog erstmalig am 02.08.2002. Er hatte den Kenner 98+26 und unterstützte den Prototyp PT5R bei der Erprobung. Später wurde die Erprobung ausschließlich mit 98+26 weitergeführt.

Der Erstflug des ersten Tigre HAD fand am 26.03.2003 statt. Während der Erprobung trug er den Kenner F-ZKDB. Bereits im Juli 2003 wurde er für weitere Tests der Armee de Terre übergeben.

Als die Serienproduktion des Kampfhubschraubers Tiger im Jahr 2002 begann waren weder die Entwicklung, noch die Erprobung vollständig abgeschlossen. Dadurch stieg für die Betreiber die Gefahr, dass ursprünglich vereinbarte Entwicklungsleistungen nicht mehr vollständig oder nur mit Zusatzkosten erbracht werden konnten. Es entstand eine lange Liste von Punkten, bei denen die erbrachten Leistungen nicht den geforderten Leistungen entsprachen. Die Behebung der Differenzen kostete Zeit und Geld. Um diesen Zustand abzumildern akzeptierten die Betreiber Hubschrauber mit unterschiedlichen Bauzuständen.[44] Es wurde auch akzeptiert, dass bestimmte Qualifikationsschritte während der Erprobung noch nicht erbracht werden konnten.

Trotz all dieser Zugeständnisse durch die Betreiber verzögerte sich die Auslieferung des Waffensystems Tiger um etwa vier Jahre.

Die Verzögerungen bei der Entwicklung und der Aufnahme der Serienproduktion kann aber nicht allein dem Hersteller angelastet werden. Vielmehr hatte die Politik einem großen Anteil am Zustandekommen der Misere.

Zum einen änderten sich im Laufe der Jahre die Anforderungen an den Kampfhubschrauber[45] und es kam zu etlichen Nachforderungen durch die künftigen Betreiber.

Zum anderen kam es zu immer neuen Kürzungen. Statt ursprünglich 212 Tiger UHT in drei Baulosen abzunehmen, kürzte die Bundesrepublik die Zahl zunächst auf 138 Maschinen. In einem weiteren Schritt wurde die Zahl der zu beschaffenden Tiger UHT auf 80 reduziert, was der Größe des ursprünglich geplanten ersten Bauloses entsprach. Die Beschaffungskosten für diese 80 Tiger UHT stiegen um sage und schreibe 630 Mio. Euro auf 3,55 Mrd. Euro. Der Stückpreis erhöhte sich von ursprünglich geplanten 21,7 Mio. Euro auf gut 44,3 Mio. Euro.

Später wurde die Zahl der zu beschaffenden Tiger UHT auf nur noch 68 Exemplare zusammengestrichen. Für die 68 Hubschrauber zahlte die Bundesrepublik nun 3,77 Mrd. Euro, was den Stückpreis auf gut 55 Mio. Euro steigen ließ.

Frankreich ging einen vergleichbaren Weg. Ursprünglich bestellte Frankreich 140 Tigre HAC und 75 Gerfaut HAP. Im Laufe der Zeit kürzte die französische Regierung den Bedarf auf 40 Tigre HAP und 40 Tigre HAD. In einem weiteren Schritt reduzierte sie die Zahl auf 60 Maschinen, die jedoch alle auf den HAD Standard gebracht werden sollten. 2015 wurde die Zahl der zu beschaffenden Kampfhubschrauber auf 67 Maschinen angehoben.

Zu den erhofften Exporten kam es in der Regel nicht. Großbritannien, die Niederlande und Indien entschieden sich gegen den Tiger und für die AH-64 Apache. Auch Saudi-Arabien verzichtete dankend. Ein Exportangebot an die Türkei kam nicht zustande, weil sich Frankreich und Deutschland nicht über die Konditionen einigen konnten.

Letztendlich konnten nur Spanien und Australien als Exportkunden gewonnen werden. Australien war mit dem Tiger ARH alles andere als zufrieden, was zu schlechter Presse führte und andere potentielle Exportkunden abschreckte.

PT3 ist heute im Flugzeugmuseum Bückeburg ausgestellt. (Foto: Normann)

Der deutsche Weg zum Tiger

Am Anfang des deutschen Weges zum Kampfhubschrauber Tiger stand das Konzept PAH-2 der Bundeswehr. Die Bundeswehr hatte mit dem PAH-1 erste Erfahrungen auf dem Gebiet eines defensiv ausgerichteten Kampfhubschraubers sammeln können. Eine auf den PAH-1 zugeschnittene Taktik wurde entwickelt. Sie sah vor, dass die Panzerabwehrhubschrauber in Lauerstellungen auf den Gegner warten sollten. Von Fliegerleitoffizieren angefordert sollten die PAH-1 aus ihren Deckungen aufsteigen, das Feuer eröffnen und wieder verschwinden. Für die Zeit der Feuerführung blieb der Panzerabwehrhubschrauber aber ungeschützt und war dem gegnerischen Abwehrfeuer ausgesetzt. Da diese Zeitspanne relativ kurz war, sie dauerte je nach Kampfentfernung zwischen fünf und 20 Sekunden, glaubte man mit dem Risiko zunächst leben zu können. Da aber die Armeen des Warschauer Vertrages mit immer leistungsfähigeren Fla-Systemen der Truppenluftabwehr[46] ausgerüstet wurden verringerte sich die statistische Überlebensfähigkeit des PAH-1 immer mehr.

Deshalb wurde das Konzept PAH-2 erarbeitet. Gefordert wurden ein Kampfhubschrauber in der 5-Tonnen-Klasse, eine Marschgeschwindigkeit von mindestens 270 km/h und eine Flugdauer von zweieinhalb Stunden.

Beim PAH-2-Konzept wurde viel Wert auf die Überlebensfähigkeit des Hubschraubers gelegt. Sie sollte durch eine gute Tarnung erreicht werden. Die Silhouette des Hubschraubers sollte möglichst schmal gehalten werden, damit der Helikopter visuell nur schwer zu erkennen war und zusätzlich eine möglichst kleine Trefferfläche bot. Außerdem sollte die Erfassbarkeit durch gegnerisches Radar mit Hilfe technischer Maßnahmen verringert werden.[47]

Ein weiterer Forderungspunkt bestand darin, dass die Überlebensfähigkeit des Hubschraubers im Gefecht sicherzustellen war. Der PAH-2 sollte in der Lage sein den Beschuss aus 23 mm Waffen zu überstehen.

Das Hauptaugenmerk legte man aber auf eine sehr hohe Agilität des PAH-2. Dabei ging es weniger um Höchstgeschwindigkeit, als vielmehr um die Fähigkeit so wendig wie möglich zu sein. Das sollte durch starke Triebwerke und ein modernes Rotorsystem sichergestellt werden. Damit der Hubschrauber seine volle Agilität sehr nah am Boden entfalten konnte, war es erforderlich das Cockpit so zu gestalten, dass die Besatzung hervorragende Sichtbedingungen haben würde.

Die Bewaffnung des PAH-2 sollte aus modernsten und noch zu entwickelnden Panzerabwehrlenkwaffen großer Reichweite bestehen. Es sollten aber auch noch die bisher verwendeten Lenkwaffen des Typs HOT verwendbar sein.

Weiter wurde gefordert, den PAH-2 in die Lage zu versetzen nachts und bei allen Witterungsbedingungen Einsätze fliegen zu können.

Die PAH-2-Konzeption wurde Grundlage für die Entwicklung von zwei Kampfhubschrauberprojekten. Zum einen gab es das deutsch-britische Projekt *P.277 Fledermaus*, zum anderen das deutsch-französische Programm *Tiger*.

Die Westland-VFW-Fokker P.277 war ein deutsch-britisches Gemeinschaftsprojekt. (Foto: Sammlung Normann)

Das deutsch-britische Projekt P.277 Fledermaus

Ende der 1970er-, Anfang der 80er-Jahre suchte die Bundeswehr nach einem PAH-1 Nachfolgetyp. Der als PAH-2 bezeichnete Hubschrauber sollte als reiner Panzerabwehrhelikopter von Grund auf neu konstruiert werden. Ein entsprechendes Anforderungsprofil wurde im Bundesverteidigungsministerium erarbeitet und der Luftfahrtindustrie zugestellt. Bei der Entwicklung sollte aus Kostengründen möglichst mit internationalen Partnern zusammengearbeitet werden.

Deshalb versuchte die norddeutsche Firma VFW-Fokker gemeinsam mit dem erfahrenen britischen Hubschrauberhersteller Westland das Projekt P.277 voranzutreiben.

P.277 war ein privat finanziertes Projekt, mit dem die beteiligten Firmen versuchen wollten die Bedürfnisse der britischen und bundesdeutschen Streitkräfte nach einem echten Kampfhubschrauber zu befriedigen. Hierbei orientierte man sich sehr stark an der PAH-2 Konzeption der Bundeswehr, aber auch an britischen Vorstellungen, wie ein zukünftiger Kampfhubschrauber auszusehen hatte.

Bei der Entwicklung der P.277 wollten die Partnerfirmen auf Nummer sicher gehen und soweit wie möglich auf bewährte Technologien zurückgreifen. Die Entwicklungsrisiken sollten auf diese Weise minimiert werden. Deshalb basierte die P.277 Fledermaus zu großen Teilen auf der bewährten Westland Lynx.[48] Der gesamte Antrieb, die Kraftübertragung, das Rotorsystem und Teile des Fahrwerks sollten direkt von der Lynx übernommen werden.

Die Hubschrauberzelle wurde bei VFW-Fokker in Bremen neu entwickelt.[49] Sie war sehr schlank gehalten und von hoher aerodynamischer Güte. Die Besatzung wurde in einem Tandemcockpit untergebracht. Der Bordschütze saß, wie bei den meisten Kampfhubschraubern vorn. Der Pilot fand seinen Platz im erhöht angebrachten hinteren Cockpitteil. Das Cockpit besaß keinerlei Panzerschutz.

Im Gegensatz zu den anderen Kampfhubschraubern verzichteten die Entwickler auf fest montierte Stummelflügel. Sie hielten Stummelflügel für verzichtbar, weil sie glaubten, dass diese den Flug in der Standschwebe[50] erschweren würden. Stattdessen wollte man beim P.277, genau wie beim Lynx AH.1 zuvor geschehen, die Bewaffnung an demontierbaren Außenlastträgern mitführen. Als Waffen waren die amerikanische Panzerabwehrlenkrakete TOW oder die europäische HOT vorgesehen. Sie sollten in Vierfachstartern an den Balkenträgern montiert werden. Als weitere Bewaffnungsoptionen waren MG- oder Kanonenbehälter und Startbehälter für ungelenkte Raketen angedacht.

Es war geplant die P.277 Fledermaus mit einer Bordkanone auszurüsten. Im Gespräch waren Waffen der Kaliber 20 und 30 mm, wobei der Kampfsatz auf mindestens 250 Schuss bemessen sein sollte. Für die Bordkanone war die Unterbringung in einem Drehturm angedacht. Der Drehturm wurde nahe des Masseschwerpunkts unterhalb des Rumpfes installiert. Diese Platzierung sollte einem Verreißen der Waffe beim Seitwärtsfeuern vorbeugen und somit für eine genaue Feuerführung sorgen.

Zieloptiken und Nachtsichttechnik der P.277 Fledermaus waren in einem kleinen Sensorturm unterhalb der Rumpfnase untergebracht.

Die P.277 war vollkommen ungepanzert. Ihre Überlebensfähigkeit im Gefecht sollte durch redundant ausgelegte Systeme sichergestellt werden. Die Baugruppen wurden

Attrappe der P.277 Fledermaus bei einer Pressevorführung. (Foto: Sammlung Normann)

so angeordnet, dass wichtige Bauelemente durch weniger wichtige Bauteile geschützt wurden. Der wichtigste Schutz der P.277 Fledermaus sollte ihre hohe Agilität, bei gleichzeitig geringer Größe werden.

Sie sollte bei einem maximalen Abfluggewicht von 4.300 kg eine Geschwindigkeit von mindestens 300 km/h entwickeln. Zur Reduzierung des Luftwiderstandes, sowie zur Gewährleistung eines möglichst großen Schussfeldes der unter dem Rumpf befindlichen Bordkanone, wurde das Hauptfahrwerk der P.277 einziehbar gestaltet. Die Fahrwerksbeine fuhren dabei in Wülste beiderseits des Rumpfes ein.

Von der P.277 wurde eine lebensgroße Attrappe gebaut und den Verantwortlichen aus Politik und Militär präsentiert.

Das Projekt P.277 wurde aber nicht zu Ende entwickelt, weil die britischen Streitkräfte kein gesteigertes Interesse zeigten und die Bundesrepublik aus politischen Gründen eine Zusammenarbeit mit Frankreich bevorzugte.

P.277 Fledermaus Größenvergleich mit dem amerikanischen Kampfhubschrauber AH-1 Cobra. (Foto: Sammlung Normann)

Tiger UHT während der Flugerprobung bei der Bundeswehr. (Foto: Bundeswehr, Mandt)

Der deutsche Tiger

Der Unterstützungshubschrauber Tiger der Bundeswehr entstand auf Basis des PAH-2-Konzepts als reiner Panzerabwehrhubschrauber. Er wurde jedoch in der Endphase seiner Entwicklung befähigt ungelenkte Waffensysteme zum Einsatz bringen zu können. Damit war er in der Lage eigene Truppen im Kampf gegen leichtbewaffnete Gegner zu unterstützen.

Der Tiger UHT war von den anderen Versionen leicht durch das optische Mastvisier Osiris zu unterscheiden. Osiris war ein hochkomplexes optisches Sensorsystem. Es war direkt über dem Rotorkopf angebracht und um 360° schwenkbar. Mit Hilfe von Osiris war die Besatzung in der Lage das Gefechtsfeld zu beobachten und Ziele zu erfassen, während sich der Hubschrauber hinter schützenden Objekten verbarg.

Im Mastvisier Osiris war eine hochauflösende Fernsehkamera mit exzellenter Optik verbaut. Die Auflösung der Optik war so gut, dass es problemlos möglich war eine Turmuhr aus 15 km Distanz abzulesen. Aus 8 km Entfernung konnte man ein Kfz-Nummernschild erkennen. Für den Nachtkampf verfügte Osiris über ein ausgezeichnetes Wärmebildgerät. Weitere Systembauteile von Osiris waren ein Laserentfernungsmesser, sowie das Zielsystem für die Panzerabwehrlenkwaffen. Osiris wurde vom Bordschützen mit Hilfe eines Steuerhebels bedient, konnte aber auch mit dem Helmvisier gesteuert werden.

Ein weiteres sicheres Unterscheidungsmerkmal des Tigers UHT war das Fehlen einer Bordkanone. Die Bundeswehr hielt eine solche Waffe für überflüssig. Der in der Bugnase freiwerdende Raum wurde für zusätzliche Elektronik und Sensoren, wie z.B. ein FLIR[51] verwendet. Das schwenkbare FLIR des Tigers UHT war mit dem Helmvisier des Piloten gekoppelt. Es wurde analog der Blickrichtung des Piloten ausgerichtet und übertrug das Infrarotbild in das Sichtfeld des Pilotenhelmes.[52] Der Sichtbereich des FLIR betrug dabei etwa 40 x 30°. Die vom FLIR gelieferten Bilder waren von hoher Qualität und ermöglichten dem Piloten eine Nachtsichtfähigkeit, die der aller anderen Kampfhubschrauber weit überlegen ist.

Als im Rahmen des Afghanistaneinsatzes[53] über die Nachrüstung des Tigers UHT mit einer Bordkanone[54] nachgedacht wurde, stellte sich heraus, dass eine solche Waffe beim Tiger UHT nur schwer unterzubringen war, ohne die in der Nase verbaute Elektronik zu beeinträchtigen. Es wurde zu Recht befürchtet, dass die heftigen Erschütterungen, die beim Abfeuern der Kanone zwangläufig entstehen, in der Lage wären die in der Bordnase verbaute Elektronik zu schädigen.[55]

Der Hersteller bot zwar die optionale Nachrüstung mit einer Bordkanone an, doch entschied die Politik im Jahr

2008 erneut, dass eine solche Waffe nicht benötigt wurde. Man wolle keinen speziellen „Afghanistan-Tiger" beschaffen, hieß es. Schließlich sei die Bundeswehr am Hindukusch nicht in einen Krieg verwickelt, sondern errichte Mädchenschulen und bohre Brunnen. So sahen es zumindest die Politiker in Berlin. Die kämpfende Truppe in Afghanistan hatte dazu eine ganz andere Meinung.

Als die Berliner Politik endlich die Realitäten in Afghanistan anerkannte und eine Entsendung des Tigers UHT an den Hindukusch in Betracht zog, stellte sich heraus, dass der Kampfhubschrauber für die dortigen Bedingungen denkbar ungeeignet war.

Daraufhin wurde das Asgard[56] Programm gestartet. Mit ihm sollte der Tiger UHT für Afghanistan einsatztauglich gemacht werden. Vom Asgard Tiger gab es zwei Varianten, den Asgard-T als Trainingsvariante und den vollausgestatteten Asgard-F.

Die Asgard-F Tiger erhielten neue Staubfilter, verbesserte Kommunikationsmittel, überarbeitete Computer und zusätzliche keramische Panzerungselemente. Es sollten zunächst nur 12 Maschinen auf den Asgard-F Standard aufgerüstet werden. Etwas später plante man weitere 33 Maschinen umzurüsten. Man wollte auf diese Weise die gesamte deutsche Tiger-Flotte auf ein einheitliches Ausrüstungsniveau bringen.

Die Bewaffnung des Asgard-Tigers unterschied sich nicht von der eines normalen Tigers UHT.

An den inneren Pylonen der Stummelflügel konnten Maschinengewehrbehälter des Typs FN HMP 400 mitgeführt werden. Diese Behälter beherbergen ein 12,7 mm MG und einen Kampfsatz von 400 Schuss. Diese Bewaffnungsvariante wurde als suboptimal betrachtet, weil die Behälter relativ weit von der Längsachse des Hubschraubers entfernt waren, was ein zielgenaues Schießen erschwerte.

Ein Tiger UHT zeigt seine hohe Agilität während der Flugerprobung der Bundeswehr. (Foto: Bundeswehr, Trotzki)

Dieser Tiger steht gut verpackt im Schnee während der Kälteerprobung in Schweden im Jahr 2020. (Foto: Bundeswehr, Dorow)

Startbehälter für ungelenkte Raketen des Kalibers 70 mm konnten zunächst nur an den inneren Pylonen getragen werden. Dafür waren kleinere Behälter mit 7 Schuss und größere Behälter mit 19 Schuss vorhanden. Im Rahmen des Kampfwertsteigerungsprogramms THOR wurden die Tiger UHT befähigt auch an den äußeren Pylonen 7-Schuss-Raketenbehälter einsetzen zu können

Zur Reichweitenverlängerung konnten an den inneren Pylonen des Tigers UHT zwei Treibstoffzusatztanks mit einem Fassungsvermögen von jeweils 350 Litern angebracht werden. Sie erlaubten, zusammen mit den internen Treibstoffreserven von 1.325 Litern, eine maximale Flugweite von 1.080 km. Die maximale Einsatzdauer betrug dabei 3 Stunden und 10 Minuten.

Zur Selbstverteidigung gegen Luftgegner war der Tiger UHT in der Lage infrarotgelenkte Raketen des Typs FIM-92 Stinger zum Einsatz zu bringen. Für die nur im Nahbereich verwendbaren Raketen wurden Doppelstarter an den äußeren Pylonen montiert.

Die Hauptbewaffnung des Tigers UHT bestand aus Panzerabwehrlenkwaffen. Einsetzbar waren die Raketen der zweiten Generation HOT 2 und 3, sowie PARS 3 LR, eine Rakete der dritten Generation.

Bei der HOT musste der Bordschütze während der gesamten Flugzeit der Rakete das Ziel im Fadenkreuz halten. Da die Rakete über einen Draht ferngesteuert wurde konnte der Hubschrauber nach der Feuereröffnung nicht sofort wieder in Deckung gehen, weil andernfalls die Gefahr bestand, dass sich der Lenkdraht an einem Hindernis verfing und riss. Deshalb exponierte sich der Tiger UHT beim Einsatz der HOT während der gesamten Zeit des Waffeneinsatzes dem feindlichen Abwehrfeuer.

Anders sah das bei der PARS 3 LR aus. Die ursprünglich in Zusammenarbeit mit Frankreich und Großbritannien unter der Bezeichnung Trigat entwickelte Waffe besaß einen vollautomatisch arbeitenden Zielsuchkopf. Nach Zielzuweisung und Feuereröffnung durch den Bordschützen verfolgte die Rakete ihr Ziel autonom. Der Tiger UHT konnte sich deshalb sofort nach der Feuereröffnung hinter schützenden Hindernissen in Sicherheit bringen. Das ist ein großer Vorteil im modernen Gefecht.

Geflogen wurde der Tiger UHT von einer doppelköpfigen Besatzung, bestehend aus zwei Offizieren. Der Pilot saß im vorderen Cockpit und steuerte den Helikopter. Er war für den Einsatz der ungelenkten Waffen zuständig. Die Aufgaben des Mannes im hinteren Cockpit waren umfangreicher. Er war als Kommandant für die Führung des Helikopters verantwortlich und hatte deshalb das Sagen. Weiterhin musste er die Funkverbindungen sicherstellen, das Gefechtsfeld beobachten, Ziele ausfindig machen und bewerten, sowie den Feuerkampf mit den Lenkwaffen führen. Darüber hinaus musste der Kommandant des Tigers auch jederzeit in der Lage sein den Hubschrauber Tiger UHT zu fliegen. Er war also Kommandant, Bordfunker, Bordschütze, Gefechtsfeldbeobachter und 2. Pilot in einer Person.

Zu dieser Aufteilung gab es durchaus kritische Stimmen, die meinten, dass der Mann im hinteren Cockpit mit der Fülle der Aufgaben leicht überfordert sein könnte.

Die Einführung des Tigers UHT in die Bundeswehr verlief schleppend, mit großen Verzögerungen und unterschiedlichen Ausrüstungsstufen. Obwohl der erste deutsche Serien-Tiger bereits Anfang August 2002 vom Band lief, erhielten die Heeresflieger der Bundeswehr ihre ersten Maschinen erst im April 2005.[57] Und diese Tiger waren alles andere als vollständig ausgerüstet.

Die ersten Maschinen kamen als sogenannte Step-1 in die Truppe. Ihnen fehlte die Kampffähigkeit, so dass sie nur zur Flugausbildung und Umschulung geeignet waren. Insgesamt gab es fünf Step-1 Tiger UHT. Weil irgendwann die Ersatzteile ausgingen wurden die Step-1 auf die nächsthöhere Ausrüstungsstufe modernisiert.

Der nächste Evolutionsschritt hieß PBL-002 Roscoe. Diese Tiger hatten ein funktionsfähiges Waffensystem. Sie wurden zwischen 2008 und 2010 geliefert.

Die ab 2010 ausgelieferten Tiger UHT entsprachen dem kampffähigen Standard Step-2. Ihnen fehlten aber immer noch die Mittel für eine verschlüsselte Kommunikation. Diese wurden mit Step-2 (Krypto) nachgeliefert. Step-2 (Krypto) wurde auch als Step-2/G-COM bezeichnet.

Danach folgte ab 2011 die Kampfwertsteigerung zur bereits oben im Text erwähnten Variante für Auslandseinsätze namens Asgard.

Der letzte Tiger UHT wurde 2018 an die Bundeswehr übergeben. Während der Auslieferung des Tigers UHT wurden etliche Qualitätsmängel festgestellt. Unter anderem gab es erhebliche Probleme bei der Verkabelung, weil Kabelstränge so ungünstig verlegt waren, dass die Isolierung der Kabel und die Kabel selbst Gefahr liefen beschädigt zu werden. Das Problem wurde durch die Verwendung robusterer Kabelbäume gelöst.

Ein weiteres Problem stellte der Tank des Hubschraubers dar. Der Hersteller war gezwungen eine Warnung herauszugeben, dass es möglicherweise zu Leckagen am Tank kommen könne. Die Truppe sah sich genötigt alle bis zu diesem Zeitpunkt gelieferten Hubschrauber auf undichte Tanks zu untersuchen. Diese aufwändige Untersuchung musste alle 25 Flugstunden wiederholt werden.

74 34

Landungen im Schnee sind knifflig. Es kann zum sogenannten „White Out“ kommen. Wenn das passiert, sieht der Pilot außer Schneestaub nichts mehr und muss sich voll auf seine Instrumente verlassen. (Foto: Bundeswehr, Dorow)

Ein Kampfhubschrauber Tiger wird im vorgeschobenen Versorgungspunkt betankt. Die Maschine trägt einen MG-Behälter und Starthalterungen für HOT-Panzerabwehrraketen. (Foto: Bundeswehr, Vennemann)

Zwei NH-90 beim Anlanden von Soldaten. Ein Unterstützungshubschrauber Tiger sichert die Aktion. (Foto: Bundeswehr, Trotzki)

Ein Tiger zeigt beim Tag der Bundeswehr 2015 sein Können. Gut zu erkennen ist, dass der deutsche Tiger ein Hoheitszeichen auch an der Unterseite trägt. (Foto: Bundeswehr, Vennemann)

Die ständigen Qualitätsprobleme führten dazu, dass sich die Bundeswehr für einen gewissen Zeitraum weigerte neugebaute Tiger UHT abzunehmen.

Die Einsatzbereitschaft des Tigers UHT war im Dienstalltag zunächst unbefriedigend. Ursachen hierfür waren fehlende Ersatzteile und eine noch nicht vollständige Beherrschung des Waffensystems durch die Truppe. Der Klarstand verbesserte sich im Laufe der Jahre, war aber lange Zeit weit davon entfernt gut zu sein. So berichtete das Nachrichtenmagazin „Der Spiegel" im August 2019, dass lediglich 11 von 53 vorhandenen Tigern einsatzbereit seien und die Einsatzbereitschaft im Jahresdurchschnitt 2018 durchschnittlich 11,6 Tiger UHT betrug.[58] Andere Quellen besagten, dass die Zahl der gleichzeitig einsatzbereiten Tiger im Jahr 2019 auf gerade einmal 9 gesunken sein soll.

Vier Maschinen der Variante Tiger UHT Asgard-F wurden von Ende 2012 bis Mitte 2014 in Afghanistan eingesetzt. Hier flogen die Tiger Aufklärungseinsätze und Geleitschutz für die Bodentruppen der ISAF, wobei sie aber keinen einzigen scharfen Schuss im Gefecht abgeben mussten.

Um die Leistungsfähigkeit des Hubschraubers unter heißen Klimabedingungen und großen Höhenlage zu verbessern sollten die Tiger UHT mit den stärkeren Triebwerken

Von vorn gesehen zeigt sich, wie schmal ein Tiger ist. (Foto: Bundeswehr, Vennemann)

Tiger beim Start in Grafenwöhr. Das Mastvisier ist nach hinten gedreht, damit aufgewirbelter Schmutz die Optik nicht verschmiert. (Foto: Sgt Rick Frost, US Army)

Unterstützungshubschrauber Tiger im Schwebeflug. Am Bug sind die kreisrunden Sensoren des Raketenwarnsystems gut zu erkennen. (Foto: Bundeswehr, Trotzki)

MTR390-E nachgerüstet werden. Zunächst war geplant elf Hubschrauber umzurüsten.

Anfang 2017 verlegte die Bundeswehr vier Tiger UHT Asgard-F ins afrikanische Mali, um sie dort im Rahmen eines friedenserzwingenden UNO-Einsatzes einzusetzen. Presseberichten zufolge hatten die Tiger UHT erhebliche Probleme mit den hohen Temperaturen vor Ort.

Eine Maschine stürzte während des Mali-Einsatzes ab und wurde vollständig zerstört. Die Besatzung kam dabei ums Leben.

Das war nicht der erste Absturz eines Tigers UHT der Bundeswehr. Bereits 2013 stürzte eine Maschine bei einem Übungsflug in Deutschland ab und brannte aus. Bei diesem Unfall überlebte die Besatzung leicht verletzt.

Ein weiterer Unfall eines Tigers UHT geschah im Januar 2019. In der Nähe der hessischen Stadt Naumburg kam es während eines Tiefflugeinsatzes zu einer Baumberührung. Der Hautrotor wurde dabei beschädigt. Der Besatzung gelang trotzdem eine sichere Außenlandung, so dass der Hubschrauber geborgen werden konnte. Er wurde auf einen Tieflader verladen und per Straßentransport zur Heimatbasis Fritzlar transportiert. Dort wurde die Maschine repariert und wieder flugtauglich gemacht. Die Besatzung blieb unverletzt.

Pilot und Mechaniker eines Tiger UHT warten auf den Startbefehl. (Foto: Sgt Rick Frost, US Army)

Tiger rollt zum Start. Gut zu erkennen ist die lange Funkantenne entlang des Heckauslegers. (Foto: Sgt Rick Frost, US Army)

Zwei Tiger UHT werden für den Start vorbereitet. Der Rotor des vorderen Hubschraubers läuft bereits, während die Maschine im Hintergrund noch über das Starterkabel mit der sogenannten GPU verbunden ist. (Foto: Airbus Helicopters)

Die meisten deutschen Tiger tragen weibliche Eigennamen. Der Tradition nach ist es der Name der Tochter eines der Techniker, die den Hubschrauber bei Airbus in Empfang genommen haben. Das Bild zeigt die Hubschrauber Gina und Xena am Rollhalteort kurz vor dem Start. (Foto: Sgt Rick Frost, US Army)

Ursprünglich hatte die Bundeswehr geplant 212 Kampfhubschrauber Tiger zu beschaffen und sie in fünf Kampfhubschrauberregimentern in Dienst zu stellen. Diese Zahl wurde zunächst auf 138, dann auf 80 und zum Schluss auf 68 Maschinen zusammengestrichen. Die Zahl der mit dem Tiger auszurüstenden Einheiten sank dementsprechend.

Heute wird der deutsche Tiger von der *Ecole Franco Allemand* in *Le Luc – Le Cannet des Maures* betrieben. Die Französisch-Deutsche-Flugschule in Le Luc dient der gemeinsamen Ausbildung deutscher und französischen Hubschrauberbesatzungen.

Als einziger deutscher Einsatzverband ist das *Kampfhubschrauberregiment 36 „Kurhessen"* mit dem Tiger UHT ausgerüstet. Dieser Verband ist in Fritzlar stationiert.

Das Kampfhubschrauberregiment 36 hat einen Sollbestand von 40 Tiger UHT. Weitere acht Maschinen sind in Le Luc stationiert. Die restlichen Hubschrauber wurden bereits aus dem Truppendienst herausgezogen. Die außer Dienst gestellten Hubschrauber sind eingelagert und werden als Ersatzteilspender weiterverwendet.

Der Tiger UHT ist eine hochspezialisierte Version des Airbus Helicopters H665 (Eurocopter EC 665), die perfekt auf die Rolle als Panzerjäger und Aufklärer zugeschnitten ist. In diesen beiden Rollen kann der Hubschrauber glänzen und ist darin unbestritten Weltspitze. Abseits seiner Spezialisierung eingesetzt kann der Tiger UHT weniger Stärken zeigen.

Diese beiden Tiger UHT tragen die Eigennamen Gina und Xena. Heute sind die Namen nicht mehr so präsent am Hubschrauber angebracht. (Foto: Sgt Rick Frost, US Army)

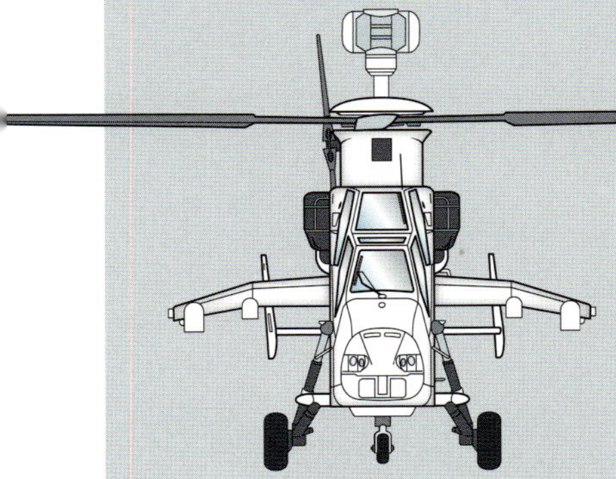

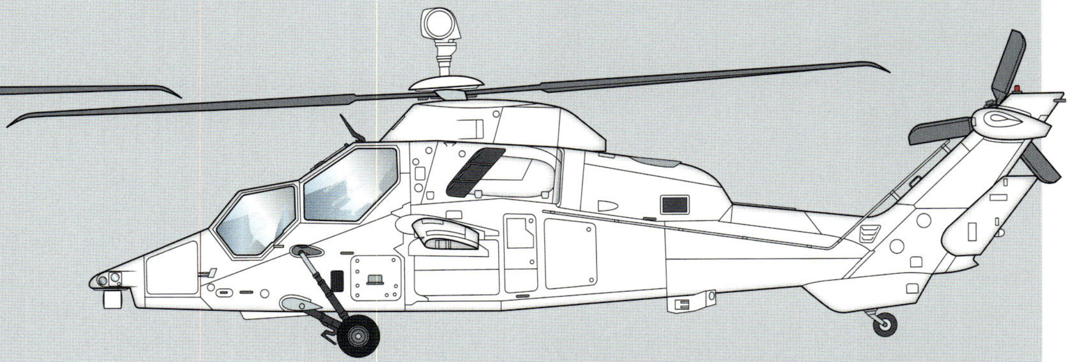

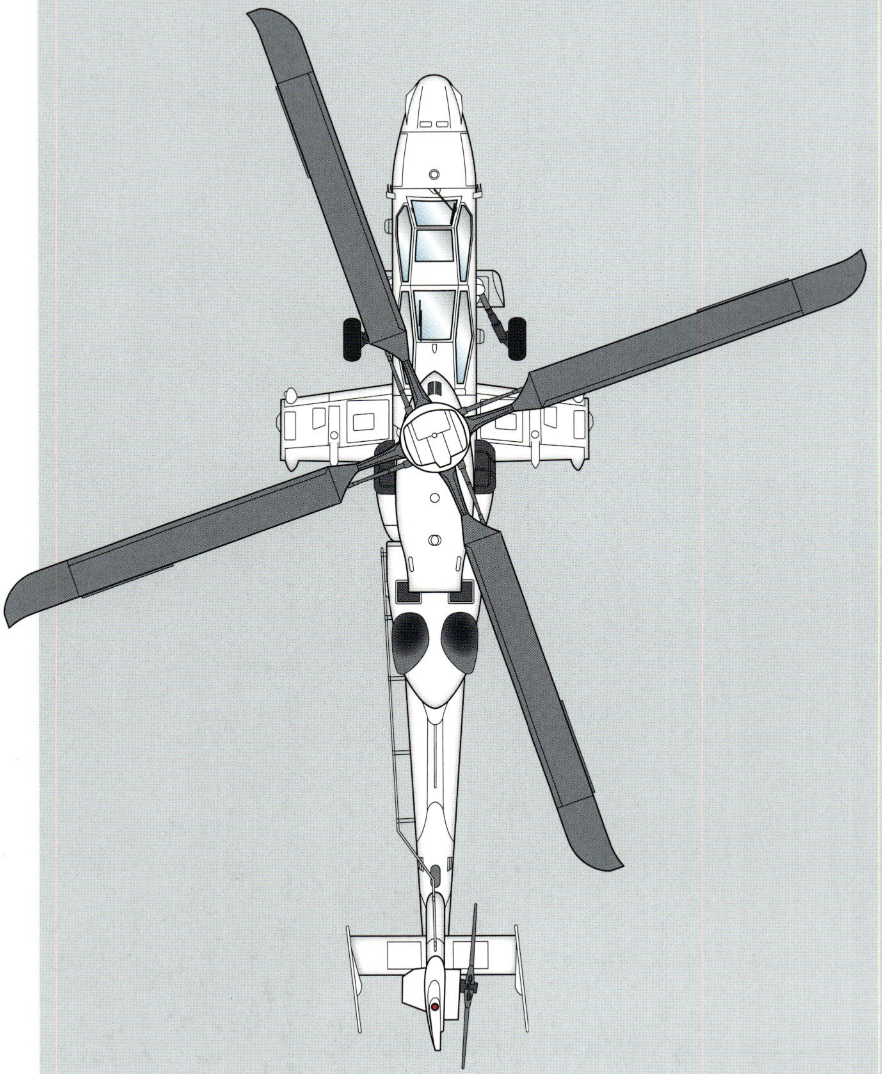

Technische Daten des H665 / EC665 Tiger UHT	
Abmessungen	
Rotorkreisdurchmesser	13,00 m
Rumpflänge	14,08 m
Länge über alles	15,80 m
Spannweite	4,50 m
Höhe	5,20 m
Rotorkreisfläche	132,73 m^2
Rotorblattzahl	4-Blatthaupt-, 3-Blattheckrotor
Massen	
Leermasse	3.060 kg
Startmasse	4.860 kg
Max. Startmasse	6.100 kg
Treibstoffmenge	1.105 kg + 2 × 292 kg Zusatztanks
Antrieb	2 × MTR390-2C
Startleistung	2 × 873 kW 1.186 PS
Flugleistungen	
Höchstgeschwindigkeit	290 km/h 325 km/h im Sturzflug
Marschgeschwindigkeit	250 km/h
Reichweite	720 km 1.080 km mit Zusatztanks
Gipfelhöhe	4.000 m
Steiggeschwindigkeit	8,3 m/s
Bewaffnung	
Waffenstationen	2 × Vierfachstarter HOT 2 und 3
	2 × Vierfachstarter PARS 3
	2 × Doppelstarter Stinger
	2 × Behälter 70 mm Raketen FZ
	2 × MG Behälter 12,7 mm
	2 × Zusatztank 350 Liter
Besatzung	2

Nummern und Kenner der deutschen Tiger UHT

Produktions-nummer	Kenner	Bemerkung
PT3	F-ZWWT, 98+23	Prototyp, heute Museum Bückeburg
PT5	98+25	Prototyp
1001	98+26, 74+01	WTD61 Testschüsse mit Stinger
1002	98+12, 74+02	
1003	98+13, 74+03	ab 2009 zur Schulung genutzt
1004	98+14, 74+04	
1005	74+05	
1006	74+06	
1007	74+07	
1008	74+08	
1009	74+09	
1010	98+10, 74+10	
1011	98+11, 74+11	
1012	98+16, 74+12	
1013	98+17, 74+13	
1014	98+14, 74+14	
1015	98+15, 74+15	
1016	98+20, 74+16	
1017	74+17	
1018	98+21, 74+18	Eigenname Gina
1019	98+22, 74+19	
1020	74+20	
1021	74+21	
1022	74+22	
1023	74+23	Einsatz in Mali, MINUSMA, 25.03.2017 bis 15.06.2018
1024	74+24	Einsatz in Afghanistan 12.2012 bis 06.2014, Eigenname Nemesis
1025	74+25	Einsatz in Afghanistan 12.2012 bis 06.2014
1026	74+26	Baumberührung im Januar 2019
1027	74+27	Absturz 05.03.2013, Besatzung leicht verletzt
1028	74+28	
1029	74+29	Absturz in Mali am 26.07.2017, 70 km NO von Gao, beide Besatzungsmitglieder getötet, Hubschrauber ausgebrannt
1030	74+30	
1031	74+31	Einsatz in Mali, MINUSMA, 25.03.2017 bis 15.06.2018
1032	74+32	
1033	74+33	
1034	74+34	
1035	74+35	
1036	74+36	
1037	74+37	
1038	74+38	
1039	74+39	
1040	74+40	
1042	74+42	
1045	74+45	
1046	74+46	
1047	74+47	
1048	74+48	
1049	74+49	
1050	74+50	
1051	74+51	
1052	74+52	
1053	74+53	
1054	74+54	
1055	74+55	
1056	74+56	
1057	74+57	
1058	74+58	
1059	74+59	
1060	74+60	
1061	74+61	
1062	74+62	
1063	74+63	
1064	74+64	
1065	74+65	
1066	74+66	
1067	74+67	
1068	74+68	
1069	74+69	
1070	74+70	

Der französische Tiger. Vom Tigre HAC und Gerfaut HAP zum Tigre HAP und HAD

Frankreichs Streitkräfte hatten in der Zeit des Kalten Krieges zwei Aufgaben zu erfüllen. Zum einen war Frankreich, obwohl es stets eine Sonderrolle für sich beanspruchte, eine wichtige Macht innerhalb der NATO. Zum anderen versuchte Frankreich in seinen ehemaligen Kolonien immer noch die Rolle einer Ordnungsmacht zu spielen. Unter der Hand ging es den Franzosen dabei wohl weniger um die Verbreitung von Freiheit, Demokratie und Stabilität, sondern eher darum der eigenen Industrie bevorzugten Zugang zu Rohstoffen und Absatzmärkten zu ermöglichen.

Beide Aufgaben zu lösen stellte die französischen Streitkräfte vor große Herausforderungen, denn die jeweils notwendigen Waffensysteme unterschieden sich hinsichtlich der an sie gestellten Anforderungen beträchtlich.

Auf dem Gebiet des Kampfhubschraubers benötigte Frankreich de facto zwei unterschiedliche Typen. Zum ersten einen Helikopter, der in der Lage sein musste in den ehemaligen Kolonien für Ordnung zu sorgen und entsprechend der dortigen Bedingungen auf den Buschkrieg zugeschnitten sein sollte. Er benötigte nur relativ einfache Waffen. Eine Bordkanone und ungelenkte Raketen wurden für ausreichend gehalten. Die Sensortechnik konnte ebenfalls verhältnismäßig einfach gestaltet werden.

Weil nicht auszuschließen war, dass der Kampfhubschrauber von Rebellen unter Feuer genommen wurde benötigte er eine Panzerung, die zumindest gegen leichte Infanteriewaffen schützte. Ein so konfigurierter Hubschrauber wurde *Helicoptere Appui Protection,* kurz HAP genannt. Als Projektname wurde „*Gerfaut*“ ausgewählt.

Andererseits war Frankreich in die NATO-Strategie eingebunden. Es hatte Truppen in der Bundesrepublik stationiert. Im Kriegsfall wären die im Rheinland stehenden französischen Verbände spätestens am dritten Kriegstag mit den sowjetischen Panzerarmeen konfrontiert worden.[59] Die sowjetischen Panzerarmeen waren den französischen Truppen zahlenmäßig und qualitativ überlegen. Um diese Armeen abwehren zu können brauchten die französischen Streitkräfte einen Hubschrauber, der auf die Panzerbekämpfung spezialisiert und gegen Beschuss gesichert war. Er musste sich gegebenenfalls auch gegen gegnerische Hubschrauber verteidigen können. Dieser Hubschrauber benötigte hochmoderne Lenkwaffen, die erst noch zu entwickeln waren, eine Bordkanone zur Selbstverteidigung und fortschrittliche Sensorsysteme, um zu jeder Tageszeit und unter allen Witterungsbedingungen eingesetzt werden zu können. Diesen Hubschrauber nannte man *Helicoptere Anti Char Troisieme Generation,* alias HAC-3G, alias HAC3-G, alias HAC3G, kurz HAC. Die Projektbezeichnung lautete „*Tigre*“.

Nach französischen Vorstellungen sollten beide Hubschraubervarianten bei einem militärischen Konflikt in Mitteleuropa gemeinsam agieren. Der HAC sollte sich auf den Kampf gegen feindliche Panzer konzentrieren, während die Aufgabe des HAP darin bestehen würde feindliche Kampfhubschrauber vom HAC fernzuhalten.

Gestützt auf die guten Erfahrungen, die man mit der SA342 Gazelle gemacht hatte, plante Frankreichs Militär auch zukünftig beide Aufgaben mit einem Hubschraubertyp zu lösen.[60]

Dazu sollte ein Basishubschrauber entwickelt werden, der entsprechend der jeweiligen Aufgabe bewaffnet und mit der notwendigen Sensortechnik versehen werden sollte.

Um Kosten und Ressourcen zu sparen gingen die Franzosen auf den deutschen Vorschlag ein gemeinsam einen Kampfhubschrauber zu entwickeln. 1984 wurden erste Schritte auf diesem Weg gegangen und ein Joint Venture zwischen den Firmen Aerospatiale und MBB geschlossen. Nachdem das Programm 1986 wegen explodierender Kosten gestoppt worden war lebte es nur ein Jahr später wieder auf, weil sich der französische Präsident Mitterand und Bundeskanzler Kohl für einen deutsch-französischen Kampfhubschrauber stark gemacht hatten. Bis zur politischen Wende im Osten Europas kam das gemeinsame Kampfhubschrauberprogramm Tigre recht gut voran. Doch mit dem Wegfall der Ost-West-Konfrontation begann man auch in Frankreich die Sinnhaftigkeit des Tigres in Frage zu stellen.

Ohne die Bedrohung durch zahlenmäßig überlegene Panzerarmeen machte die Beschaffung eines neuen Panzerabwehrhubschraubers wenig Sinn. Die bis dato verwendete SA342 Gazelle war, obwohl sie langsam aber sicher veraltete, für diese Aufgabe vollkommen ausreichend. Deshalb wurde leichten Herzens auf den Tigre HAC verzichtet. Am Gerfaut, der inzwischen in Tigre HAP umgetauft worden war, hielt man jedoch fest. Ein moderner Kampfhubschrauber zur Aufstandsbekämpfung im Herzen Afrikas wurde immer noch gebraucht.

In den späten 1990er- und frühen 2000er-Jahren wurde es dann doch offensichtlich, dass Frankreich einen modernen Kampfhubschrauber benötigte, der es im Notfall auch mit Kampfpanzern aufnehmen konnte. Deshalb sahen sich die Franzosen gezwungen den Tigre HAP aufzurüsten.

Zum Vorbild nahmen sie sich den australischen Tiger ARH. Dieser konnte sowohl ungelenkte, als auch gelenkte Raketen zum Einsatz bringen. Die Fähigkeit Panzerabwehrlenkwaffen verwenden zu können wurde nun auch in den Buschkrieger Tigre HAP implementiert. Stärkere Triebwerke und eine verbesserte Sensorausstattung folgten.

So entstand der Tigre HAD.

Zunächst war vorgesehen die europäischen Lenkwaffen HOT und Trigat im Tigre HAD zu verwenden. Im Laufe der Entwicklungsarbeiten verzichtete man aber aus Platzgründen auf die HOT und aus Kostengründen auf die Trigat. Stattdessen griff man auf die amerikanische Hellfire zurück, die bereits beim Aussi-Tiger verwendet worden war.

Wie wichtig die Einrüstung von Panzerabwehrlenkwaffen war zeigte der Libyenkrieg 2011. Hier kamen mehrere Tigre HAP zum Einsatz. Sie bewährten sich als Aufklärer wegen ihres hervorragenden Sichtsystems Strix recht gut, konnten aber gegen gepanzerte Verbände nichts ausrichten. Deshalb mussten sie durch Panzerabwehrhubschrauber SA342 Gazelle unterstützt werden.

Auch im Afghanistaneinsatz im Rahmen der ISAF wurden SA342 Gazelle und Tigre HAP in Paaren gemeinsam eingesetzt. Der Tigre HAP betrieb Aufklärung, während die Gazelle die aufgeklärten Ziele mit Lenkwaffen bekämpfte.

Zunächst war geplant die französischen Streitkräfte mit 217 Tigre auszurüsten, doch führten Kürzungen im Verteidigungshaushalt dazu, dass diese Zahl immer weiter reduziert wurde. Lange Zeit sah es dann so aus, dass die Armee de Terre jeweils 40 Tigre HAP und HAD erhalten würde. Im Jahr 2015 kam die französische Politik auf den Gedanken nur noch 60 Tigre in Dienst zu stellen. Dabei sollten bereits ausgelieferte Tigre HAP auf den HAD Standard modernisiert werden. Später wurde die Zahl der zu beschaffenden Tigre auf 67 angehoben. Bei dieser Zahl blieb es dann auch.

Tigre HAC

Der Tigre HAC war das französisches Pendant zum deutschen PAH-2. Wie der PAH-2 sollte der Tigre HAC feindliche Panzermassen aus der Distanz bekämpfen und sich möglichst aus einem Nahkampf heraushalten.

Das Kürzel HAC stand für „*Helicoptere Anti Char*“, was sich mit „Hubschrauber zur Fahrzeugbekämpfung“ übersetzen lässt.[61] Dementsprechend war der HAC konfiguriert. Er ähnelte äußerlich dem deutschen PAH-2 sehr. Wie dieser sollte der HAC mit einem Mastvisier ausgestattet werden und über ein leistungsfähiges FLIR-System in der Bugnase verfügen.

Anders als beim PAH-2 war es vorgesehen den Tigre HAC mit einer Bordkanone auszurüsten. Das Kaliber der Waffe wurde auf 30 mm festgelegt. Damit lag man im internationalen Trend, denn sowohl der amerikanische AH-64 Apache, als auch die sowjetische Mi-24P besaßen Bordkanonen in diesem Kaliber. Vom Kaliber 30 mm versprach man sich eine ausreichende Durchschlagskraft um leichtgepanzerte Fahrzeuge, wie z.B. Schützenpanzer, bekämpfen zu können.

Als Kampfsatz wurden für den Tigre HAC 150 Schuss vorgesehen. Das waren 300 weniger als beim Tigre HAP. Die

Attrappe des Tigre HAC bei der Luftfahrtausstellung in Le Bourget. (Foto: Hatzakos, US DoD)

Die Plakete am PT3 im Hubschraubermuseum Bückeburg gibt Auskunft über die Version, die Werksnummer, das Baudatum und den Zeitpunkt der Modifikation. (Foto: Normann)

Reduzierung war notwendig, weil ein Teil des Raumes, der im Rumpf des HAP für das Magazin verwendet wurde, durch elektronische Komponenten belegt war. Aus Kostengründen entschied man sich im Laufe der Zeit dafür den Tigre HAC dem deutschen PAH-2 weitestgehend anzugleichend.[62] Deshalb wurde auf eine Bordkanone verzichtet.

Als Hauptbewaffnung war eine, zusammen mit der Bundesrepublik und Großbritannien zu entwickelnde, Panzerabwehrlenkwaffe des Typs Trigat vorgesehen. Trigat sollte eine Lenkwaffe der dritten Generation werden. Das heißt, sie würde die Fähigkeit besitzen ein vom Bordschützen festgelegtes Ziel vollautomatisch zu verfolgen.[63] Neben der Trigat sollte der Tigre HAC auch noch die ältere Lenkwaffe HOT einsetzen können.

Die dafür notwendigen Ziel- und Lenksysteme waren im Mastvisier integriert. Das Mastvisier beinhaltete zudem eine hochauflösende Optik, ein Nachtsichtgerät und einen Laserentfernungsmesser.

Zur Selbstverteidigung gegen Luftziele war die Bewaffnung mit Lenkraketen des Typs Mistral vorgesehen. Diese sollten in Doppelträgern an den äußeren Pylonen mitgeführt werden. Panzerabwehrlenkwaffen und Treibstoffzusatztanks fanden ihren Platz an den inneren Aufhängepunkten der Stummelflügel. Für die Panzerabwehrlenkwaffen waren Vierfachstarter vorgesehen. Asymmetrische Beladungen waren möglich.[64]

Ursprünglich plante Frankreich die Fliegerkräfte der Armee de Terre in der Masse mit Tigre HAC auszurüsten. Von 217[65] geplanten EC665 Hubschraubern sollten 130 bis 140 in der Version HAC gefertigt werden.

Das Ende des Ost-West-Konfliktes und die in den 90er-Jahren rapide zurückgehenden Rüstungsausgaben erzwangen eine Umorientierung in der französischen Beschaffungspolitik, so dass Frankreich letztendlich auf den Tigre HAC verzichtete. Um eine Fähigkeitslücke bei der Panzerbekämpfung zu vermeiden wurde beschlossen den Geleithubschrauber Tigre HAP soweit aufzurüsten, dass er in der Lage war Panzerabwehrlenkwaffen einzusetzen. Aus dieser Entscheidung entstand der Tigre HAD.

Technische Daten des EC665 Tigre HAC	
Abmessungen	
Rotorkreisdurchmesser	13,00 m
Rumpflänge	14,08 m
Länge über alles	15,80 m
Spannweite	4,50 m
Höhe	5,20 m
Rotorkreisfläche	132,73 m²
Rotorblattzahl	4-Blatthaupt-, 3-Blattheckrotor
Massen	
Leermasse	3.060 kg
Startmasse	4.860 kg
Max. Startmasse	6.100 kg
Treibstoffmenge	1.105 kg + 2 × 292 kg Zusatztanks
Antrieb	2 × MTR390-2C
Startleistung	2 × 873 kW / 1.186 PS
Flugleistungen	
Höchstgeschwindigkeit	290 km/h
Marschgeschwindigkeit	250 km/h
Reichweite	720 km 1.080 km mit Zusatztanks
Gipfelhöhe	4.000 m
Steiggeschwindigkeit	8,3 m/s
Bewaffnung	
Bordkanone (zeitweise angedacht)	1 × 30 mm GIAT 30M781 mit 150 Schuss
Waffenstationen	2 × Vierfachstarter HOT 3
	2 × Vierfachstarter Trigat
	2 × Doppelstarter Mistral
	2 × Zusatztank 350 Liter
Besatzung	2

Konstruktionsnummer	Kenner	Bemerkung
PT1	F-ZWWW	Prototyp
PT3	F-ZWWT, 98+23	Prototyp, heute Museum Bückeburg

Insgesamt wurden zwei Prototypen des HAC gebaut, die man gleichzeitig für die Erprobung des deutschen Tiger UHT verwendete. Einer dieser Prototypen ist heute im Hubschraubermuseum Bückeburg ausgestellt. Es ist der Helikopter, der auch im James Bond Thriller „Golden Eye“ eine Rolle spielte.

Tigre HAP

Der Tigre HAP war als einfacher Unterstützungshubschrauber für die ALAT, die französischen Armeefliegerkräfte gedacht. Das Kürzel HAP stand für *„Helicoptere Appui Protection“*, was mit „Hubschrauber zur Unterstützung und Schutz“ oder sinngemäß mit „Unterstützungs- und Geleitschutzhubschrauber“ übersetzt werden konnte. Zunächst lief das Entwicklungsprogramm des HAP unter der Bezeichnung *Gerfaut*[66]. Anfang der 90er-Jahre wurde der ursprünglich nur für den Panzerjäger HAC bestimmte Rufname *Tigre* auch für den einfach ausgelegten HAP verwendet und der Begriff *Gerfaut* zu den Akten gelegt.

Der HAP hatte keinerlei Panzerabwehrfähigkeit, sondern war ausschließlich für die Bekämpfung weicher Ziele und Erdbefestigungen vorgesehen. Darüber hinaus sollte er den Kampf gegen feindliche Hubschrauber führen. Deshalb waren seine Sensoren und Waffensysteme bei weitem nicht so hochentwickelt wie die des Tigre HAC oder des deutschen Tiger UHT. Dies machte sich vor allem bei Nachteinsätzen

Der Tigre HAP ist mit einer Bordkanone und ungelenkten Raketen bewaffnet. (Foto: Eurocopter.)

Zwei HAP im Paarflug. Unterschiede zur Nachfolgeversion HAD sind das Fehlen der zwei kleinen Antennen auf der Rumpfnase und dass Fehlen der langen Antenne entlang des Heckauslegers. (Foto: Eurocopter)

Der Tigre HAP wurde für Geleitschutzaufgaben konstruiert. Hier eskortiert er einen H225M. (Foto: Airbus)

Das Sichtsystem Strix und die Bordkanone sind direkt auf den Fotografen dieses Bildes ausgerichtet. (Foto: Eurocopter)

Dieser Tigre HAP ist für den Nachtstart bereit. (Foto: Airbus Helicopters)

Detailaufnahme der Bugpartie eines Tigre HAP im Flug. (Foto: Airbus)

Tigre HAP im Feuerkampf. Die leeren Hülsen werden ausgeworfen. (Foto: Airbus)

Zur Bewaffnung des Tigre HAP gehört die Lenkrakete Mistral, die an Doppelstartern vorhanden ist, sowie die ungelenkten Raketen des Kalibers 68 mm. (Foto: Hispalois)

Dieser Tigre HAP ist mit ungelenkten Raketen und Mistral Luft-Luft-Raketen ausgerüstet. (Foto: Airbus)

Die ersten Tiger ARH entstanden als Umbauten aus Tigre HAP, die für die französischen Streitkräfte vorgesehen waren. (Foto: Airbus)

Erste Serienmaschine des Tigre HAP. (Foto: Airbus)

Unterhalb des Heckauslegers sieht man die Behälter des Störkörperwerfers. (Foto: Eurocopter)

negativ bemerkbar. Das Fehlen eines leistungsfähigen FLIR-Systems für den Piloten wurde als Ursache für zwei nächtliche Abstürze von Tigre HAP angesehen.[67]

Wichtigstes äußeres Erkennungsmerkmal des HAP war das Fehlen des Mastvisiers Osiris. Stattdessen hatte der Hubschrauber das auf dem Dach des Hubschraubers montierte Sichtsystem Strix. Strix besaß eine exzellente Optik, ein hochauflösendes Kamerasystem für die Beobachtung des Gefechtsfeldes bei Tageslicht, sowie ein Infrarotkamerasystem. Zusätzlich dazu war ein Laserentfernungsmesser verbaut. Strix wurde vom auf dem hinteren Sitz platzierten Bordschützen/Kommandanten bedient. Im Gegensatz zu Osiris konnte Strix nicht um 360° gedreht werden. Eine Beobachtung des Gefechtsfeldes war deshalb nur in der vorderen Halbsphäre möglich.

Der Verzicht auf Osiris hatte aber nicht nur negative Auswirkungen. So war ein Tigre HAP etwa 150 kg leichter als ein Tiger UHT und deshalb auch etwas agiler. Hinzukam, dass der Wegfall des Mastvisiers den Luftwiderstand des Hubschraubers deutlich reduzierte. Der Tigre HAP erreichte deshalb eine 10 bis 20 km/h höhere Fluggeschwindigkeit als der Tiger UHT und hatte eine etwa 50 km größere Reichweite.

Ein weiteres Erkennungsmerkmal des Tigre HAP war die unter der Bugnase montierte einläufige Bordkanone vom Kaliber 30 mm. Die Kanone GIAT 30 M781 war in einem schwenkbaren Drehturm GIAT AM-30781, alias THL30, montiert und hatte einen horizontalen Schwenkbereich von +/– 90°.

Der Kampfsatz betrug 450 Schuss. Er wurde in einem Magazin im Rumpf unterhalb des rechten Stummelflügels untergebracht.

Die Kanone war ballistisch leistungsstark und bis zu einer Distanz von 1.000 Metern recht präzise. Bei einem Fünfschussfeuerstoß war sie in der Lage, über eine Kampfdistanz von 1.000 m, alle Granaten in einem 2 × 2 Meter großen Zielbereich zu platzieren.

Negativ war, dass die GIAT 30M 781 mit einem nicht unbeträchtlichen Rückstoß zu kämpfen hatte. Das führte zu Problemen bei der Bekämpfung seitlich auftauchender Ziele. Hier trat die Tendenz auf, dass sich die Rumpfnase des HAP, bedingt durch die starken Rückstoßkräfte der Kanone, zur Seite bewegte. Diese Seitwärtsbewegung musste vom Piloten ausgeglichen werden, sonst verriss die Waffe und die Genauigkeit des Kanonenfeuers nahm stark ab.

Ein weiteres Problem, das vom starken Rückstoß herrührte, bestand darin, dass sich im Truppenalltag nach einer gewissen Zeit Risse in der Struktur des Rumpfbugs bildeten. Diese Risse ließen sich aufgrund der Bauweise der Helikopterzelle nur schwer reparieren. Eine Verstärkung der Bug-

Tigre HAP im Formationsflug mit NH90. Interessant ist das Fehlen der Kennnummer am Bug des Tigre HAP. (Foto: Airbus)

Tigre HAP im Schwebeflug über der Küste. (Foto: Airbus)

Tigre HAP am Boden, ausgerüstet mit Behälter für ungelenkte Raketen und Zusatztank. (Foto: Airbus)

Dieser Tigre HAP wurde auch in Afghanistan eingesetzt. (Foto: französische Armee)

Auf diesem Bild kann man die Unterschiede zwischen dem Tiger UHT und dem Tigre HAP gut erkennen, die da wären Bordkanone und Sichtsystem Strix beim französischen Helikopter und Mastvisier und fehlende Kanone beim deutschen Tiger. (Foto: Eurocopter)

Der deutsche und der französische Tiger werden von der Fliegerschule in Le Luc eingesetzt. (Foto: Eurocopter)

Zwei Tigre sind bereit zum Anlassen der Triebwerke. Man beachte die Sonderbemalung des zweiten Helikopters. (Foto: französisches Verteidigungsministerium)

Auf diesem Bild sieht man die Sonderbemalung besser. (Foto: französisches Verteidigungsministerium)

Ein mit Mistral-Raketen bewaffneter Tigre HAP eskortiert einen NH 90 der französischen Armee. (Foto: Airbus)

Die Vorserienmaschine PS01 flog zur Erprobung auch mit Schneekufen. (Foto: Airbus)

Nahaufnahme der PS01 mit Schneekufen. (Foto: Airbus)

Die PS01 wurde auch verwendet um die Integration von Lenkwaffen in das Waffensystem zu erproben. Diese Fähigkeit wurde später im Tigre HAD gebraucht. (Foto: Eurocopter)

nase war auch nicht so einfach zu bewerkstelligen. Deshalb sah sich das französische Militär gezwungen den Schwenkbereich der Waffe per Befehl auf +/– 5° zu begrenzen.[68]

Der Tigre HAP konnte neben der Bordkanone ungelenkte Raketen, Kanonenbehälter und zur Abwehr eines Luftgegners Lenkwaffen des Typs Mistral einsetzen.

Für die ungelenkten Raketen des Kalibers 68 mm standen kleinere Startbehälter für 12 Schuss und größere für 22 Schuss zur Verfügung. Die Behälter hatten zur Ablenkung gegnerischer Radarstrahlen eine eckige Form. Während die kleineren Raketenbehälter an allen Pylonen transportiert werden konnten, waren die größeren Behälter nur an den inneren Pylonen einsetzbar. Die 20 mm Kanonenbehälter wurden, wie auch die Treibstoffzusatztanks, nur an den inneren Aufhängepunkten mitgeführt. Eine Mischbewaffnung von einem Treibstoffzusatztank und einem Kanonenbehälter war möglich.

Die Lenkwaffe Mistral, im Prinzip eine tragbare Fla-Rakete (Manpad) wie die Stinger, konnte an Doppelstartern an den äußeren Pylonen mitgeführt werden.

Der Tigre HAP war ursprünglich nur für die französischen Streitkräfte vorgesehen. Es wurden aber auch einige für Spanien vorgesehene Tigre HAD-E zunächst im HAP-Standard ausgeliefert. Die spanischen HAP sollten im Laufe der Zeit auf den gewünschten HAD-E Standard nachgerüstet werden. Diese Nachrüstung wurde jedoch nicht realisiert.

Die französischen Tigre HAP flogen ab 2010 im Rahmen der ISAF-Mission Kampfeinsätze in Afghanistan. Für diesen Einsatz wurden die Hubschrauber mit einem zusätzlichen Panzerschutz, sowie neuen Staubschutzfiltern nachgerüstet. Frankreich entsandte seine Tigre HAP auch nach Libyen und in ehemalige französische Kolonien in Afrika, wie z.B. Mali. Für die dort anstehenden Aufgaben war der Tigre HAP in der Regel nahezu perfekt geeignet.

Der Tigre HAP wurde, nach der Entscheidung auf den Panzerabwehrhubschrauber Tigre HAC zu verzichten, zum Mehrzweckkampfhubschrauber Tigre HAD weiterentwickelt.

Auf der Basis des HAP entstand auch die für Australien bestimmte Exportvariante Tiger ARH.

Technische Daten des H665 / EC665 Tigre HAP	
Abmessungen	
Rotorkreisdurchmesser	13,00 m
Rumpflänge	14,08 m
Länge über alles	15,80 m
Spannweite	4,50 m
Höhe	3,83 m
Rotorkreisfläche	132,73 m²
Rotorblattzahl	4-Blatthaupt-, 3-Blattheckrotor
Massen	
Leermasse	3.000 kg
Startmasse	4.600 kg
Max. Startmasse	6.200 kg
Treibstoffmenge	1.105 kg + 2 × 292 kg Zusatztanks
Antrieb	2 × MTR390-2C
Startleistung	2 × 873 kW / 1.186 PS
Flugleistungen	
Höchstgeschwindigkeit	300 km/h 325 km/h im Sturzflug
Marschgeschwindigkeit	270 km/h
Reichweite	740 km 1.130 km mit Zusatztanks
Gipfelhöhe	4.000 m
Steiggeschwindigkeit	8,3 m/s
Bewaffnung	
Bordkanone	1 × 30 mm GIAT 30M781 mit 450 Schuss
Waffenstationen	4 × Behälter 70 mm Raketen
	2 × Doppelstarter Mistral
	2 × Zusatztank 350 Liter
Besatzung	2

Nummern und Kenner der französischen Tigre HAP

Produktionsnummer	Registriernummer	Kenner
PT4		F-ZWWU, Absturz in Australien
2001	2001	F-ZKDB, ATA, BHH
2002	2002	ATB, BHI
2003	2003	F-ZKCD, ATC, BHJ
2004	2004	ATE, BHK
2006	2006	BHL
2009	2009	BHB
2010	2010	F-ZWRD, BHA
2011	2011	BHM
2012	2012	BST
2013	2013	F-ZWRC, BHC
2015	2015	F-ZWBF, BHD
2016	2016	F-ZWRN, BID
2018	2018	BHF
2019	2019	F-ZKBS, ATG, BHE
2021	2021	BHN
2022	2022	BHG
2023	2023	BHP
2024	2024	BHO
2025	2025	BHQ
2026	2026	BHR
2027	2029	F-ZWBD, BHS
2028	2028	BHU
2029	2029	BHV
2030	2030	BHW
2031	2031	BHX
2032	2032	BHY
2033	2033	BHZ
2034	2034	BIB
2035	2035	BIC
2036	2036	BID
2037	2037	BIE
2038	2038	BIF
2039	2039	BIG
2040	2040	BIH
2041	2041	BII
2042	2042	BIJ
2043	2043	BIK
2044	2044	BIL
2045	2045	BIM
2046	2046	BIN

Tigre HAD

Mit dem Verzicht auf den Panzerjäger Tigre HAC sah sich die ALAT[69] der Armee de Terre vor das Problem gestellt, dass sie keinen echten Kampfhubschrauber besaß, der in der Lage war auch Panzer zu bekämpfen. Der Panzerabwehrhubschrauber SA342L Gazelle veraltete sehr schnell und der Tigre HAP besaß keinerlei Fähigkeiten um einen modernen Kampfpanzer zu stoppen. Bewaffnungstechnisch war der Tigre HAP daher am ehesten mit einer AH-1J Cobra zu vergleichen. Für seinen ursprünglichen Auftrag, nämlich der Pilotenausbildung zu dienen und Frankreichs Interessen in seinen ehemaligen Kolonien durchzusetzen, war das vollkommen ausreichend. Doch Frankreichs Streitkräfte benötigten auch einen Kampfhelikopter, der es problemlos mit einem modernen Kampfpanzer aufnehmen konnte.

Zur Lösung des Problems wurde darüber nachgedacht den bereits beim australischen Tiger ARH beschrittenen Weg zu folgen. Beim Tiger ARH war das Sichtsystem Strix soweit aufgerüstet worden, dass es in der Lage war lasergelenkte Panzerabwehrwaffen ins Ziel zu steuern. Diese Modifikation war so erfolgreich, dass man sich in Frankreich entschloss den gleichen Weg zu gehen und den Tigre HAP soweit zu modernisieren, dass er Panzerabwehrlenkwaffen einsetzen konnte. Damit entstand der Tigre HAD.

Das Kürzel HAD stand für *Helicoptere Appui Destruction*, was sich frei mit *Unterstützungs- und Zerstörungshubschrauber* übersetzen lässt.

Im Prinzip war der HAD ein aufgerüsteter HAP. Beim HAD wurde das Sichtsystem Strix überarbeitet. Es beinhaltete nun neben der bekannten Optik, dem Nachtsichtgerät auf Infrarotbasis, der hochauflösenden Tageslichtfernsehka-

Tigre HAD bewaffnet mit Hellfire-Raketen im Flug von hinten fotografiert. (Foto: Airbus Helicopters)

mera und dem Laserentfernungsmesser zusätzlich einen Laserzielbeleuchter und ein Laserpunktsuchgerät[70].

Mit Hilfe des Laserpunktsuchgerätes war es dem Tigre HAD möglich Ziele, die von einer fremden Laserquelle angestrahlt wurden, aufzufinden und mit lasergelenkten Waffen zu bekämpfen. Der Laserzielbeleuchter wurde dazu genutzt die eigenen lasergelenkten Waffen ins Ziel zu steuern. Das Strix des Tigre HAD enthielt ebenfalls das Zielsystem für die Panzerabwehrlenkwaffen.

Die Bewaffnung des Tigre HAD unterschied sich von der des HAP durch die Fähigkeit zum Einsatz gelenkter Panzerabwehrwaffen. Frankreich wollte zunächst die bisher verwendete Rakete HOT und die gemeinsam mit der Bundesrepublik entwickelte Trigat in die Bewaffnungsoptionen des Tigre HAD aufnehmen. Von dieser Idee nahm man jedoch Abstand und schwenkte auf die im australischen Tiger ARH verwendete amerikanische Lenkwaffe Hellfire um. Auf die Option die ältere HOT nutzen zu können verzichtete man aus Platzgründen. Aus Kostengründen stieg Frankreich nach einiger Zeit auch aus der Entwicklung der Trigat aus. Dies wurde von der deutschen Seite als unfreundlicher Akt aufgefasst. Trigat wurde nun allein von Deutschland zu Ende entwickelt und unter der Bezeichnung PARS 3LR in Dienst gestellt.

Der Tigre HAD war sowohl in der Leer-, als auch in der Abflugmasse schwerer als der HAP. Um den Gewichtsanstieg zu kompensieren wurde im HAD eine leistungsgesteigerte Version des Triebwerks MTR390 verwendet. Das MTR390-E hatte eine Startleistung von 1.092 kW / 1.484 PS. Die Ursprungsvariante MTR390-2C hatte nur 873 kW / 1.186 PS geliefert. Im Notfall konnte das MTR390-E für eine kurze Zeitspanne eine Leistung von 1.322 kW, knapp 1.800 PS abgeben.

Cockpitsektion des Tigre HAD. Vorn sitzt der Pilot, hinten der Bordschütze/Kommandant. (Foto: Airbus Helicopters)

Die Funkausrüstung, sowie die Sensoren und Computer des Tigre HAD wurden im Vergleich zum HAP weiterentwickelt. Sie waren leistungsstärker und störfester.

Äußerlich war der Tigre HAD vom HAP durch die lange Funkantenne am Heckausleger, zwei kleine Antennen auf

Zwei Tigre HAD im Paarflug in Erdbodennähe. Vom Tigre HAP sind sie durch die kleinen Antennen auf der Nase zu unterscheiden. (Foto: Airbus)

Dieses Bild zeigt die erste Serienmaschine des Tigre HAD noch in seiner ursprünglichen Farbgebung. (Foto: Airbus)

Der erste Serien-Tigre HAD in einer Sonderbemalung.
(Foto: Airbus)

Ein Erkennungsmerkmal des Tigre HAD ist die Bewaffnung mit der Lenkrakete Hellfire.
(Foto: Airbus)

Der Hubschrauber besticht durch seine extrem gute Agilität. (Foto: Airbus)

Der erste Serien-Tigre HAD mit veränderter Sonderbemalung. (Foto: Airbus Helicopters)

dem Bug und natürlich die Bewaffnung mit Panzerabwehrlenkwaffen des Typs Hellfire II zu unterscheiden.

Der Tigre HAD startete am 14.12.2007 zum Jungfernflug. Die Truppe erhielt ihren ersten Tigre HAD Ende 2010.

Ursprünglich planten die Franzosen 40 Tigre HAD und weitere 40 in der HAP Variante zu nutzen. Politische Querelen führten zu einer Reduzierung auf insgesamt 60 Maschinen, eine Zahl, die 2015 wieder auf 67 erhöht wurde. Alle vorhandenen HAP sollten nun im Laufe der Zeit auf den HAD Standard aufgerüstet werden.[71]

Eine modernisierte Variante des Tigre HAD wurde vom Hersteller als Tiger Mk.2 bezeichnet.

Ein Erkennungsmerkmal des Tigre HAD sind die zwei kleinen Antennen auf der Nase. (Foto: Airbus Helicopters)

Dieser Tigre HAD hat eine assymetrische Beladung, bestehend aus Lenkraketen Hellfire, Behälter für ungelenkte Raketen und Luft-Luft-Raketen Mistral. (Foto: Airbus)

Ein Tigre HAD kurvt ab. Man kann gut die Bewaffnung des Hubschraubers erkennen. (Foto: Airbus)

Ein Tigre wird auf dem Flugdeck eines Landungschiffes vertäut. (Foto: Bri Sabrina Vincent French MoD)

Ein Tigre HAD beim Start. Bei vielen Tigre HAD fehlt die lange Antenne entlang des Heckauslegers. (Foto: Ecole Polytechnique Universite Paris-Saclay)

Unterhalb des rechten Stummelflügels des Tigre HAD sieht man eine große Klappe. Sie verdeckt den Zugang zum Magazin der Bordkanone. (Foto: Airbus, Pecci)

Eine Modernisierung der Tigre HAD auf den neuen Standard Tiger Mk.3 ist angedacht. Der neue Standard soll modernere Computer, Funkgeräte und überarbeitete Sensoren enthalten. Darunter auch ein modernes Mastvisier. Frankreich plant außerdem die Hellfire Lenkwaffe durch eine neuentwickelte französische Rakete zu ersetzen.

Um die französischen Tigre HAD von ihren spanischen Schwestern zu unterscheiden werden sie mitunter Tigre HAD-F genannt.

Die französischen Tigre kommen in drei Einheiten der ALAT, der französischen Armeefliegerkräfte, zum Einsatz. Zuallererst ist die *Ecole Franco Allemand Tigre in Le Luc - Le Cannet des Maures* zu nennen. Sie ist eine von Frankreich und Deutschland gemeinsam betriebene Fliegerschule zur Ausbildung von Tiger-Besatzungen. Darüber hinaus betreibt Frankreich zwei Kampfhubschrauberregimenter, das *1e Regiment Helicopteres de Combat* in Phalsbourg und das *5e Regiment Helicopteres de Combat* in Pau-Uezin.

Technische Daten des EC665 / H665 Tigre HAD	
Abmessungen	
Rotorkreisdurchmesser	13,00 m
Rumpflänge	14,08 m
Länge über alles	15,80 m
Spannweite	4,50 m
Höhe	3,83 m
Rotorkreisfläche	132,73 m^2
Rotorblattzahl	4-Blatthaupt-, 3-Blattheckrotor
Massen	
Leermasse	3.040 kg
Startmasse	4.710 kg
Max. Startmasse	6.600 kg
Treibstoffmenge	1.105 kg + 2 × 292 kg Zusatztanks
Antrieb	2 × MTR390-E
Startleistung	2 × 1.094 kW 1.486 PS
Flugleistungen	
Höchstgeschwindigkeit	300 km/h 325 km/h im Sturzflug
Marschgeschwindigkeit	270 km/h
Reichweite	740 km 1.130 km mit Zusatztanks)
Gipfelhöhe	4.000 m
Steiggeschwindigkeit	8,3 m/s
Bewaffnung	
Bordkanone	1 × 30 mm GIAT 30M781 mit 450 Schuss
Waffenstationen	2 × Vierfachstarter Hellfire II
	2 × Doppelstarter Mistral
	4 × Behälter 68 mm Raketen
	2 × Kanonenbehälter 20 mm
	2 × Zusatztank 350 Liter
Besatzung	2

Nummern und Kenner der französischen Tigre HAD

Produktionsnummer	Registriernummer	Kenner
6001	6001	F-ZWPB, BJA
6002	6002	F-ZWBV, BJB
6003	6003	BJC
6004	6004	BJD
6005	6005	BJE
6006	6006	BJF
6007	6007	BJG
6008	6008	BJH
6009	6009	F-MBJI, BJI
6010	6010	BJJ
6011	6011	BJK
6012	6012	BJL
6013	6013	F-ZKBL, BJM
6014	6014	BJN
6015	6015	BJO
6016	6016	BJP
6017	6017	BJQ
6018	6018	BJR
6019	6019	BJS
6020	6020	BJT
6021	6021	BJU
6022	6022	BJV
6023	6023	BJW
6024	6024	BJX
6025	6025	BJY
6026	6026	BJZ
6027	6027	F-ZKCS, BKA
6028	6028	F-ZKCR, BKB
6029	6029	F-ZKCT, BKC
6030	6030	BKD
6031	6031	BKE

Erstflug des Tigre HAD-E. Man beachte die Sonderbemalung. (Foto: Airbus)

El Tigre (spanische Tiger)

Spanien entschied sich Anfang der 2000er-Jahre eine Abart des Tigre HAD zu beschaffen. Die als HAD-E (Helicoptero Apoyo Destruccion – Espana) bezeichnete Maschine unterschied sich von ihren französischen Schwestern durch die Verwendung der israelischen Panzerabwehrlenkwaffe Spike anstelle der amerikanischen Hellfire.

Der Vertrag zur Anschaffung des Tigre HAD-E wurde im September 2003 geschlossen. Es ging es um die Lieferung von 24 Maschinen, die entsprechend der damaligen französischen Konfiguration mit der Luft-Luft-Lenkwaffe Mistral und der Panzerabwehrwaffe Trigat ausgerüstet sein sollten. Als weitere Bewaffnungsoptionen sollte der HAD-E mit der 30 mm Bordkanone GIAT 30M781 und ungelenkten Raketen des Kalibers 70 mm ausgerüstet werden. Das Sensorsystem entsprach dem französischen Standard. Hauptsensor war das Sichtsystem Strix, die Piloten bekamen das Helmvisier TopOwl. Als Antrieb wurde das leistungsgesteigerte Triebwerk MTR390-E ausgewählt.

Der Vertrag sah die Lieferung der 24 Hubschrauber in den Jahren 2007 und 2008 vor. Weiterhin wurde festgehalten, dass spanische Firmen in den Bau der Maschinen eingebunden werden sollten.

Ein Jahr später kam die Beschaffung des HAD-E in schweres Fahrwasser, weil die Franzosen aus der Entwicklung der Panzerabwehrwaffe Trigat ausstiegen. In Spanien war man sich über die Zukunft dieser Waffe nicht sicher[72], weshalb

Dieses Bild zeigt einen Prototypen des Tigre HAD-E. Er ist im Unterschied zur Serienversion noch mit der Lenkwaffe Hellfire bewaffnet. (Foto: Anthony Pecchi)

man sich nach einer Alternative umzusehen begann. Die Wahl fiel schließlich auf die israelische Rakete Spike-ER. Das geschah im Juni 2006.

Diese Rakete musste nun in das Waffensystem des HAD-E eingefügt werden, was wiederum Zeit und Geld kostete. Und Zeit war knapp.

Um den Liefertermin 2007 einhalten zu können wurde beschlossen die zuerst zu liefernden Kampfhubschrauber Tiger in der Konfiguration Tigre HAP zu fertigen. Es war geplant sie später auf den Standard Tigre HAD-E nachzurüsten. So wurde es zumindest versprochen, umgesetzt wurde das Vorhaben jedoch nicht.

Im April und im Mai 2007 erhielt die spanische Armee ihre ersten drei Tigre HAP. Weil die Integration des Waffensystems Spike-ER in den spanischen Tiger mehr Zeit benötigte

Ein spanischer Tigre HAD bei der Wartung. Gut zu erkennen die Diffusoren der Triebwerksauslässe zur Abgaskühlung. (Foto: Carlos Menendez San Juan)

Techniker beim durchchecken des Tigre HAD-E. (Foto: Eurocopter)

Tigre HAD-E im Flug. Man beachte die kreisrunden Markierungen an Bug und Heck. (Foto: Eurocopter)

als ursprünglich veranschlagt, wurden die weiteren Liefertermine immer weiter hinausgeschoben.

Als die Wirtschaftskrise 2010 auch Spanien hart traf wurde der Kaufvertrag noch einmal aufgerollt und die Zahl der zu liefernden Kampfhubschrauber drastisch reduziert. Statt 24 Tigre HAD-E sollten nun nur noch sechs Tigre HAP und elf HAD-E in spanische Dienste treten. Jahre später änderten die Spanier ihre Meinung erneut und beschafften insgesamt 18 Tiger der Version HAD-E.

Der erste Tigre HAD-E startete am 16.09.2010 zum Jungfernflug.

Im Juni 2012 war die Ausbildung von Piloten und Bodenpersonal soweit fortgeschritten, dass die spanische Armee die volle Einsatzbereitschaft ihrer Kampfhubschrauber Tiger vermelden konnte.

Im Januar 2020 wurde der 18. und letzte Kampfhubschrauber Tigre HAD-E an das spanische Militär ausgeliefert. Die spanische Kampfhubschrauberflotte bestand nun aus 6 HAP und 18 HAD-E. Damit wurde der ursprünglich angepeilte Lieferumfang von 24 Kampfhubschraubern des Typs H665 Tiger erreicht.

Im spanischen Truppendienst wird der Tigre HAD-E als HA-28 bezeichnet. Er kommt ausschließlich im *Batallon de Helicopteros de Ataque I*, kurz *BHELA I*, zum Einsatz. Stationiert sind die spanischen Tiger auf der Basis Almagro nahe Ciudad Real.

Eine weitere Sonderbemalung des Tigre HAD-E. (Foto: Airbus)

Technische Daten des EC665 / H665 Tigre HAD-E / HA-28	
Abmessungen	
Rotorkreisdurchmesser	13,00 m
Rumpflänge	14,08 m
Länge über alles	15,80 m
Spannweite	4,50 m
Höhe	3,83 m
Rotorkreisfläche	132,73 m²
Rotorblattzahl	4-Blatthaupt-, 3-Blattheckrotor
Massen	
Leermasse	3.040 kg
Startmasse	4.710 kg
Max. Startmasse	6.600 kg
Treibstoffmenge	1.105 kg + 2 × 292 kg Zusatztanks
Antrieb	2 × MTR390-E
Startleistung	2 × 1.094 kW / 1.486 PS
Flugleistungen	
Höchstgeschwindigkeit	300 km/h 325 km/h im Sturzflug
Marschgeschwindigkeit	270 km/h
Reichweite	740 km 1.130 km mit Zusatztanks)
Gipfelhöhe	4.000 m
Steiggeschwindigkeit	8,3 m/s
Bewaffnung	
Bordkanone	1 × 30 mm GIAT 30M781 mit 450 Schuss
Waffenstationen	2 × Vierfachstarter Spike-ER
	2 × Doppelstarter Mistral
	4 × Behälter 70 mm Raketen
	2 × Zusatztank 350 Liter
Besatzung	2

Nummern und Kenner der spanischen Tiger

Produktionsnummer	taktische Nummer	Version	Kenner
2005	HA.28-01	HAP	ET-701, F-ZKBB
2007	HA.28-02	HAP	ET-702, F-ZKBH
2008	HA.28-03	HAP	ET-703, F-ZKBC
2014	HA.28-04	HAP	ET-704, F-ZJRM
2017	HA.28-05	HAP	ET-705, F-ZKBN
2020	HA.28-06	HAP	ET-706, F-ZKBM
5002	HA.28-07	HAD-E	ET-707
5003	HA.28-08	HAD-E	ET-708
5004	HA.28-09	HAD-E	ET-709
5005	HA.28-10	HAD-E	ET-710
5006	HA.28-11	HAD-E	ET-711
5007	HA.28-12	HAD-E	ET-712
5008	HA.28-13	HAD-E	ET-713
5009	HA.28-14	HAD-E	ET-714
5010	HA.28-15	HAD-E	ET-715
5011	HA.28-16	HAD-E	ET-716
5012	HA.28-17	HAD-E	ET-717
5013	HA.28-18	HAD-E	ET-718
5014	HA.28-19	HAD-E	ET-719
5015	HA.28-20	HAD-E	ET-720
5016	HA.28-21	HAD-E	ET-721
5017	HA.28-22	HAD-E	ET-722
5018	HA.28-23	HAD-E	ET-723
5001	HA.28-24	HAD-E	E01, F-ZWBP

Aussi Tiger ARH (australische Tiger)

Ende der 90er-Jahre suchten die australischen Streitkräfte nach einem Kampfhubschrauber, der die bis dato genutzten Bell 206B Kiowa und UH-1 Gunships ersetzen sollte. Der neue Kampfhubschrauber sollte vornehmlich die Rolle als bewaffneter Aufklärer einnehmen, aber auch in der Lage sein die eigenen Bodentruppen im Kampf schlagkräftig zu unterstützen.

Ein dementsprechendes Anforderungsprofil wurde dem Wettbewerb *„Air 87“* zugrunde gelegt. Eurocopter nahm mit dem EC665 in der HAP Variante teil und versprach den Hubschrauber entsprechend der australischen Anforderungen zu modifizieren. Die australische Variante sollte die Bezeichnung Tiger ARH erhalten.

Im Jahr 2001 wurde der Tiger ARH zum Sieger des Wettbewerbs auserkoren und ein Vertrag über die Lieferung von 22 Maschinen zum Stückpreis von 36 Mio. $ unterschrieben. Das geschah am 21.12.2001. Australien wurde damit zum ersten Exportkunden des Tigers.

Tiger ARH auf einem Docklandungsschiff der australischen Marine. (Foto: Commonwealth of Australia, Department of Defence)

Vier Tiger ARH wurden vertragsgemäß in Europa gebaut. Die Endmontage der restlichen 18 Helikopter erfolgte in Brisbane, Australien.

Der Tiger ARH war eine Weiterentwicklung des Tigre HAP. Das Kürzel ARH verwies auf den abgedachten Verwendungszweck als bewaffneter Aufklärungshubschrauber (**A**rmed **R**econ **H**elicopter).

Äußerlich ähnelte der ARH dem HAP sehr. Wie dieser hatte der ARH eine schwenkbare 30 mm Kanone im Drehturm unterhalb der Bugnase und ein Strix-Dachvisier oberhalb des Bordschützencockpits. Vom Tigre HAP war der Tiger ARH durch die lange HF Funkantenne entlang des Heckauslegers zu unterscheiden. Äußerliche Unterscheidungsmerkmale zum Tigre HAD waren die kleine kreuzförmige Antenne oberhalb des Heckauslegers und das Fehlen zweier kleiner Antennen auf der Bugnase.

Landung eines Tigers ARH auf einem Flugdeckschiff. (Foto: Commonwealth of Australia)

Tiger ARH im Landeanflug auf einen Feldflugplatz. (Foto: Airbus)

Australischer Tiger beim Raketenabschuss. (Foto: Commonwealth of Australia)

Zwei Tiger ARH bei der Landung. (Foto: Australian Army)

Die australischen Tiger tragen einen Tarnanstrich, der für dortige Landstriche optimiert wurde. Man beachte die neuartigen Lufteinläufe. (Foto: Commonwealth of Australia)

Tiger ARH beim Flug über das Outback. Dieser Hubschrauber hat noch die ursprünglichen Lufteinläufe. (Foto: Australian Army)

Ein Unterscheidungsmerkmal zwischen Tiger ARH und Tigre HAP ist die kreuzförmige Antenne am Heckausleger. (Foto: Bidgee)

Tiger ARH wird in eine RAAF C-17 verladen. (Foto: Commonwealth of Australia)

Der Tiger ARH besaß eine auf die australischen Bedürfnisse zugeschnittene Funkausrüstung und eine leicht abgewandelte Version des TopOwl-Helmvisiers.

Obwohl der ARH dem HAP sehr ähnelte verfügte er doch über ein deutlich größeres Durchsetzungsvermögen. Während das französische Modell lediglich seine Bordkanone und ungelenkte Raketen des Kalibers 68 mm zum Einsatz bringen konnte, war der ARH zusätzlich mit lasergelenkten Panzerabwehrraketen des Typs Hellfire bestückt. Um die Hellfire einsetzen zu können hatte man das Strix-Visier so modifiziert, dass es nun auch einen Laserzielbeleuchter und das Visiersystem für die Panzerabwehrrakete beinhaltete. Zum Einsatz der Waffe richtete der Bordschütze das Fadenkreuz des Visiers auf das Ziel und markierte dieses mit einem codierten Laserstrahl. Nach dem Start des Flugkörpers musste er das Ziel bis zum Einschlag der Rakete markiert lassen. Strix unterstützte ihn dabei mit einer Funktion, die das gewählte Ziel automatisch im Fadenkreuz hielt.

Die Bewaffnungspalette des Tigers ARH unterschied sich auch in weiteren Punkten von der des französischen HAP. So verwendeten die Australier anstelle der französischen Mistral Luft-Luft-Rakete die amerikanische FIM-92 Stinger. Bei ungelenkten Raketen bevorzugten sie wie die Deutschen das Kaliber 70 mm. Eine Zeitlang versuchten die Australier die ungelenkten Raketen mit Lasersuchköpfen zu bestücken und so die eigentlich ungelenkten Flugkörper lenkbar zu machen. Die 2015 durchgeführten Waffentests bestätigten eine deutlich gestiegene Treffergenauigkeit.

Im Gegensatz zu den deutschen und französischen Tiger/Tigre verfügte der Tiger ARH nicht über die Fähigkeit MG- oder Kanonenbehälter zu tragen.

Ein prominenter britischer Offizier durfte als Kommandant in einem australischen Tiger ARH mitfliegen. (Foto: Commonwealth of Australia, Department of Defence)

Prince Harry öffnet die Tür zum Kommandantencockpit des Tigers ARH. (Foto: Commonwealth of Australia, Department of Defence)

Tiger ARH Paarlandung. (Foto: Australian Army)

Ein weiterer Unterschied zwischen Tiger ARH und Tigre HAP ist die lange Antenne entlang des Heckauslegers. (Foto: Airbus, Paul Sadler)

Tiger ARH werden von Fliegerleitoffizieren eingewiesen. (Foto: Commonwealth of Australia)

Ein weiterer Unterschied zum Tigre HAP war der avisierte Einbau der leistungsstärkeren Triebwerke MTR390-E. Sie waren für den Einsatz in heißen Gebieten und für größere Höhenlagen optimiert und versprachen eine um 14% gesteigerte Leistungsabgabe. Die ersten Maschinen wurden jedoch noch mit dem ursprünglichen MTR390-2C geliefert.

Die Lufteinläufe der Triebwerke wurden wie bei allen anderen Tiger Varianten mit Staubfiltern geschützt. Für Australiens Maschinen wurden jedoch neue Staubfilter mit schlitzförmigen Abdeckungen entwickelt. Während die Tiger ARH zunächst noch mit dem herkömmlichen Filtersystem ausgestattet waren, wurden sie später auf das neue System umgerüstet. Die neuen Filter wurden später auch von den anderen Betreibernationen des Tigers verwendet.

Die Fertigung der australischen Tiger begann 2003. Die erste Maschine entstand durch die Umrüstung eines ursprünglich für die französischen Streitkräfte vorgesehenen Tigre HAP. Der Jungfernflug des ARH fand am 20.02.2004 statt. Eine intensive Flugerprobung folgte. Im Rahmen dieser Erprobung wurden im Juni und Juli 2004 die Raketentests für die ungelenkten Raketen durchgeführt. Im gleichen Zeitraum testete man den Laserentfernungsmesser und den Laserdesignator. Dabei wurden auch Übungsraketen des Typs CATM verschossen.

Nach dem erfolgreichen Bestehens der Tests wurde der erste Tiger nach Brisbane, Australien gebracht. Dort traf er am 24.11.2004 ein. Am 14.12.2004 wurde ein abschließender Testflug durchgeführt. Einen Tag später akzeptierte das australische Verteidigungsministerium den Tiger ARH und übernahm ihn in den Truppendienst. Damit begann die Auslieferung des Tigers ARH am 15.12.2004.

Im März 2005 wurde der Tiger ARH zur Woomera Range im Süden Australiens überführt und dort weiteren ausgiebigen Tests unterzogen. Am 28.05.2005 erfolgte der erste scharfe Start einer Hellfire Rakete. Im November und Dezember desselben Jahres folgten weitere Testschüsse mit der amerikanischen Panzerabwehrlenkwaffe.

Die ersten vier Tiger ARH wurden in Frankreich gefertigt und dann nach Australien gebracht. Alle anderen 18 Maschinen fertigten die Australier im Flugzeugwerk Brisbane.

Bei der Produktion der Tiger ARH gab es etliche Verzögerungen, so dass der ursprünglich avisierte Zeitplan völlig aus dem Ruder lief. 2007 waren die Verzögerungen bereits so groß geworden, dass die australische Regierung die Be-

Tiger ARH in der Wartungshalle. (Foto: Airbus)

Stimmungsvolles Bild eines Tiger ARH in der Abenddämmerung. (Foto: Australian Army)

zahlung der Tiger ARH vorläufig stoppte. Erst 2011 konnte die letzte der 22 bestellten Maschinen ausgeliefert werden.

Doch auch im Truppendienst stand der „Aussie Tiger" unter keinem guten Stern. Schon im Verlauf des „Air 87" Wettbewerbs stürzte eine Vorführmaschine bei einem Nachtflug ab, weil sie mit einer Stromleitung kollidierte.

In der Truppe liebten die Piloten ihren Tiger wegen seiner herausragenden Flugeigenschaften, die Wartungstechniker verfluchten jedoch die komplizierte Maschine. Die Ersatzteilversorgung war problematisch, der Wartungsaufwand viel höher als ursprünglich angenommen. Die Einsatzbereitschaft der Tiger-Einheiten lag durchschnittlich bei unter 25%, was ein desaströs schlechter Wert war.

Die volle Einsatzfähigkeit des Tiger ARH konnte ebenfalls lange Zeit nicht erreicht werden. Eine vom australischen Parlament eingesetzte Untersuchungskommission listete eine Mängelliste mit 76 Punkten auf, von denen 60 als kritisch eingeschätzt wurden. Erst Mitte 2017 konnten die australischen Streitkräfte melden, dass das Waffensystem Tiger ARH dem ursprünglich avisierten Leistungsstand entsprach.

Ein weiterer Kritikpunkt am Tiger ARH waren seine hohen Einsatzkosten. Der Hersteller hatte ursprünglich versprochen, dass eine Flugstunde des Tigers ARH den Steuerzahlen etwas mehr als 9.000 Aus$ kosten würde. Im Truppendienst zeigte sich, dass dieser Wert viel zu niedrig angesetzt

Wegen der größeren Staubbelastung besitzt der Tiger ARH veränderte Lufteinläufe mit effektiveren Filtern. (Foto: Australian Army)

war. Nach eigenen Berechnungen der australischen Streitkräfte kostete die Flugstunde fast 34.000 Aus$. Die australische Politik war erbost.

Der Tiger ARH sah sich mit einer schlechten Presse konfrontiert. Im Rahmen einer Anti-Tiger-Kampagne wurde der australischen Regierung Verschwendung von Steuermitteln vorgeworfen, was einen einzelnen Wutbürger zur Tat schreiten ließ. Er drang in einen äußerst nachlässig gesicherten Stützpunkt der australischen Streitkräfte ein und bearbeitete die linke Seite eines abgestellten Tiger ARH mit einer Hacke. Was bei einer AH-64 oder Mi-24 lediglich zu Kratzern im Lack geführt hätte war für die Außenhaut des Tigers ARH verheerend. Sie wurde problemlos durchschlagen. Herbeigeeilte Wachsoldaten konnten den erbosten Steuerzahler von weiterer schwerer Sachbeschädigung abbringen. Für den angerichteten Sachschaden in Höhe von 150.000 Aus$ wurde der selbsternannte Friedensaktivist später zu einer Geldstrafe in Höhe von 500 Aus$ verurteilt. Das Urteil kam einem Freispruch gleich.

Presseberichten zufolge zieht die australische Regierung in Betracht den Tiger ARH im Zeitraum bis 2025 auszumustern und durch AH-64E Apache Guardian zu ersetzen.

Die australischen Tiger werden in zwei Einheiten geflogen. Und zwar von der *School of Army Aviation* im *Oakey Army Aviation Centre* und dem *1st Aviation Regiment*, welches in den *Robertson Barracks in Darwin* stationiert ist.

Technische Daten des EC665/ H665 Tiger ARH

Abmessungen	
Rotorkreisdurchmesser	13,00 m
Rumpflänge	14,08 m
Länge über alles	15,80 m
Spannweite	4,50 m
Höhe	3,83 m
Rotorkreisfläche	132,73 m^2
Rotorblattzahl	4 -Blatthaupt-, 3-Blattheckrotor
Massen	
Leermasse	3.060 kg
Startmasse	4.710 kg
Max. Startmasse	6.200 kg
Treibstoffmenge	1.105 kg + 2 × 292 kg Zusatztanks
Antrieb	2 × MTR390-E
Startleistung	2 × 1.094 kW 1.486 PS
Flugleistungen	
Höchstgeschwindigkeit	300 km/h 325 km/h im Sturzflug
Marschgeschwindigkeit	270 km/h
Reichweite	740 km 1.130 km mit Zusatztanks)
Gipfelhöhe	4.000 m
Steiggeschwindigkeit	8,3 m/s
Bewaffnung	
Bordkanone	1 × 30 mm GIAT 30M781 mit 450 Schuss
Waffenstationen	2 × Vierfachstarter Hellfire II
	2 × Doppelstarter Stinger
	4 × Behälter 70 mm Raketen
	2 × Zusatztank 350 Liter
Besatzung	2

Nummern und Eigennamen der australischen Tiger

Produktionsnummer	Taktische Nummer	Name	In Dienst
4001	A 38-001	–	15.12.2004
4002	A 38-002	Anzac	15.12.2004
4003	A 38-003	Eureka	16.03.2005
4004	A 38-004	Gurkah	03.10.2005
4005	A 38-005	Zulu	01.06.2005
4006	A 38-006	Legionnaire	18.05.2006
4007	A 38-007	Anhur	29.05.2007
4008	A 38-008	Marauder	21.09.2007
4009	A 38-009	Amazon	24.10.2007
4010	A 38-010	Ronin	13.12.2007
4011	A 38-011	Carbineer	03.04.2008
4012	A 38-012	Barbarian	29.09.2008
4013	A 38-013	Samurai	18.05.2009
4014	A 38-014	–	16.10.2009
4015	A 38-015	Viking	19.12.2009
4016	A 38-016	Kalkadoon	09.07.2009
4017	A 38-017	–	06.04.2010
4018	A 38-018	–	19.09.2010
4019	A 38-019	–	17.12.2010
4020	A 38-020	Mercenary	30.05.2011
4021	A 38-021	Highlander	31.08.2011
4022	A 38-022	Griffin	28.09.2011

Tiger Mk.3

Die Kampfeinsätze in Afghanistan, Libyen und Mali zeigten einige Schwächen im Design des Kampfhubschraubers Tiger auf. Um diese zu beseitigen entschloss sich der Hersteller ab 2015 ein Modernisierungspaket zu erarbeiten. Dieses Paket erhielt den Namen Tiger Mk.3 bzw. Tiger Mk.III.

Über den Umfang des Kampfwertsteigerungsprogramms ist zum Zeitpunkt der Drucklegung dieses Buches noch nicht allzu viel bekannt. Weder Frankreich, noch Spanien oder Deutschland haben bisher mit dem Hersteller einen Vertrag abgeschlossen. Es gibt aber Zeichen, dass sich Frankreich und Spanien für das Kampfwertsteigerungsprogramm Tiger Mk.3 interessieren, während sich Deutschland bisher abwartend verhält.

Der Schwerpunkt des Tiger Mk.3 Kampfwertsteigerungsprogramms liegt im Einbau leistungsfähigerer Sensoren. Es gibt Presseberichte, die besagen, dass der Tiger Mk.3 mit einem neuentwickelten Mastvisier ausgerüstet werden soll. Es soll dem Osiris System des Tigers UHT überlegen sein.

Die Avionik des Hubschraubers soll ebenfalls grundlegend erneuert werden. Das Cockpit soll in Richtung eines Glascockpits modernisiert werden.

Das Navigationssystem soll so überarbeitet werden, dass es nicht mehr nur auf GPS-Basis arbeitet, sondern auch das europäische Satellitennavigationssystem Galileo unterstützt.

Im Rahmen von Tiger Mk.3 denken die Franzosen darüber nach die Panzerabwehrlenkwaffe Hellfire durch eine neuentwickelte Waffe zu ersetzen. Die Waffe, die momentan unter dem Projektnamen MAST-F läuft, soll eine Reichweite von 8 km haben und mit einem Datenlink ausgestattet werden, der die Bilder des Suchkopfs an den Hubschrauber überträgt. Es soll auch möglich sein MAST-F vom Tiger Mk.3 aus fernzulenken.

Der Tiger Mk.3 soll in noch höherem Grade in der Lage sein im Datenverbund mit anderen Kampfhubschraubern, Drohnen und externen Sensorsystemen zu agieren. Der Datenaustausch zwischen den beteiligten Waffensystemen und Sensoren bildet somit die Kernfähigkeit für das moderne Gefecht der Zukunft.

Es wird vermutet, dass der Tiger Mk.3 in die Lage versetzt werden soll nicht nur mit Aufklärungsdrohnen, sondern auch mit Kampfdrohnen zusammenzuarbeiten. Diese Drohnen sollen als „loyal wingmen" den Tiger begleiten, in feindliches Gebiet vordringen, dort Aufklärung betreiben und gegebenenfalls Ziele bekämpfen. Der Tiger Mk.3 wird somit in die Lage versetzt als Drohnenführer zu agieren.

Tiger Mk.3 ist als reines Kampfwertsteigerungsprogramm angedacht. Es sollen keine neuen Kampfhubschrauber gebaut werden, sondern bereits vorhandene Helikopter auf den neuen Standard aufgerüstet werden. Um die modernisierten Systeme langfristig nutzen zu können wird danach gestrebt die Lebensdauer des Kampfhubschraubers zu erhöhen. Bisher ging man davon aus, dass ein Kampfhubschrauber Tiger eine maximale Lebensdauer von 20 Jahren haben wird. Durch kampfwertsteigernde und lebensdauerverlängernde Maßnahmen soll ein Tiger Mk.3 bis zu 30 Jahren im Einsatz stehen können.

Da der letzte Tiger UHT der Bundeswehr im Jahr 2018 ausgeliefert wurde, kann man bei einer avisierten Lebensspanne von 30 Jahren davon ausgehen, dass der Kampfhubschrauber Tiger bis ins Jahr 2048 im Dienst der Bundeswehr stehen wird.

Natürlich unter der Voraussetzung, dass sich die Bundesrepublik am Tiger Mk.3 Programm beteiligt.

Es gibt allerdings Anzeichen dafür, dass in der Bundeswehrführung und in der Bundesregierung darüber nachgedacht wird im Bereich Kampfhubschrauber andere Wege einzuschlagen. Gerüchten zufolge hat die Berliner Politik ein Auge auf den AH-64E Apache Guardian geworfen.

TIGER
74 34

Der Tiger im Detail

Tiger UHT Asgard-F beim Erprobungsflug vor seiner Auslieferung bei Airbus Helicopters in Donauwörth. (Foto: Airbus Helicopters, Charles Abarr)

Blick auf den Rumpfbug der verschiedenen Tiger-Versionen. (Foto: Airbus)

Der Tiger ist ein doppelsitziger, zweimotoriger Kampfhubschrauber mit feststehendem Fahrwerk, Stummelflügeln, einem Vierblatt-Haupt- und einem Dreiblatt-Heckrotor. Die Gestaltung des Rumpfbugs des Tigers unterscheidet sich je nach Hubschrauberversion.

Im deutschen Tiger UHT beherbergt die Nase des Helikopters Elektronikkomponenten und ein bewegliches Nachtsichtgerät für den Piloten. Die Bewegungen des direkt in der Nasenspitze verbauten Nachtsichtgerätes werden durch die Bewegungen des Pilotenhelmes gesteuert. Der Sensor schaut deshalb in die Richtung, in die der Pilot blickt. Das FLIR[73] oder PSU[74] genannte Pilotensichtgerät hat ein Sichtfeld von 40° in der horizontalen und 30° in der vertikalen Ebene. Die vom Pilotensichtgerät gelieferten Bilder werden direkt in das Sichtfeld des Pilotenhelms eingespiegelt. Die Nachtsichtfähigkeit des Tigers UHT ist besser als die aller anderen Tigervarianten.

In der Versionen HAP, HAD, HAD-E und ARH befindet sich unter der Rumpfnase eine 30 mm Bordkanone des Typs GIAT 30M 781. Sie ist in einem Drehturm THL30 untergebracht. Der Turm hat einen vertikalen Schwenkbereich von +/– 90°. Er kann 28° nach oben und 25° nach unten geschwenkt werden. Der Turm hat ein Gewicht von 212 kg. In der Rumpfnase befinden sich die Aufhängung des Drehturms, sowie die Munitionszuführung.[75]

Die Bordkanone kann sowohl vom Piloten, als auch vom Bordschützen mit Hilfe eines Helmvisiers aufs Ziel gerichtet werden.

Bei allen Versionen des Tigers gibt es beidseits des Rumpfbugs kreisförmige Sensoren. Diese Sensoren gehören zum Raketenwarnsystem MILDS AN/AAR-60. Sie arbeiten im ultravioletten Bereich und suchen die vordere Halbsphäre nach anfliegenden Raketen ab. Sie reagieren auf den Startblitz von Fla-Raketen und können auch die Abgasstrahlen

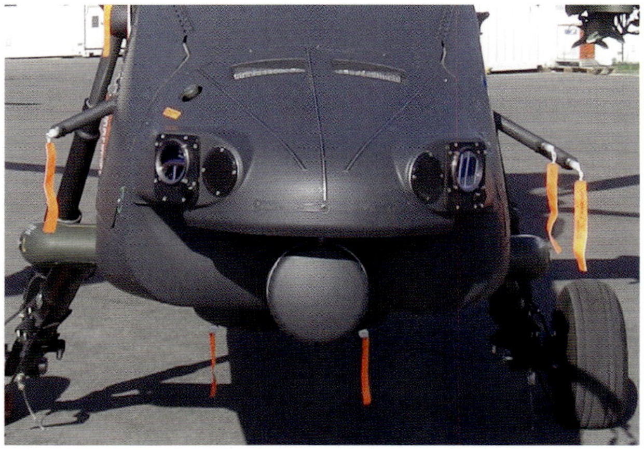

Blick auf die Nase des deutschen Tigers. Man sieht die Warnsensoren, Staurohre und das FLIR. (Foto: Normann)

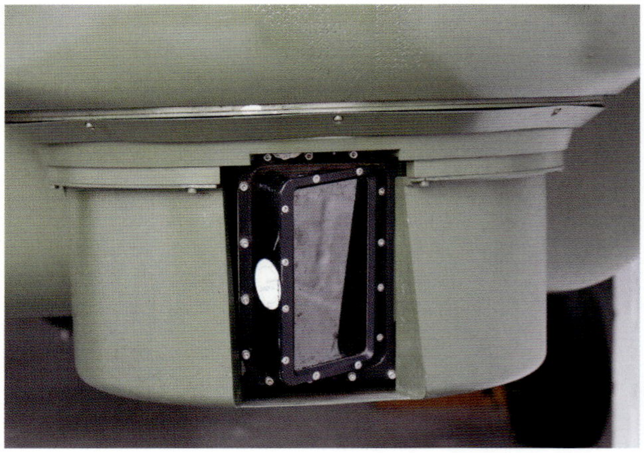

Zum Vergleich: So sah das FLIR beim PT3 aus. (Foto: Normann)

der Raketen orten. Wird eine anfliegende Rakete erfasst warnt das MILDS[76] die Besatzung.

In der Rumpfnase befinden sich auch die vorderen Antennen für das Radarwarnsystem. Weitere Antennen sind im Heck des Hubschraubers eingebaut. So ist gewährleistet, dass der Radarwarnempfänger alle Radaremissionen rund um den Kampfhubschrauber entdecken kann.

An der Rumpfnase sind mehrere Staurohre angebaut. Mit ihnen ist es möglich die Fluggeschwindigkeit zu messen.

Die Außenhaut des Rumpfbugs besteht aus zwei Kunststoffschichten, zwischen denen eine Wabenstruktur eingebracht ist. Durch diesen Aufbau wird viel Gewicht gespart, außerdem ist die Struktur sehr stabil.

In die Wabenstruktur ist ein Netzwerk aus Kupferdrähten integriert. Dieses Netz umgibt den Hubschrauber wie ein faradayscher Käfig, so dass die elektronischen Bauelemente des Hubschraubers vor den Auswirkungen des elektromagnetischen Impulses einer Kernwaffenexplosion geschützt sind. Das Netz schützt auch vor Blitzeinschlägen.

Die in der Außenhaut eingesetzten Materialen reduzieren die Erkennbarkeit des Hubschraubers durch Radar, indem sie Teile der angestrahlten Energie schlucken. Der Rumpfbug ist zudem so geformt, dass er, bei einer frontalen Anstrahlung durch ein Radargerät, einen großen Teil der einfallenden Radarwellen vom Radaremitter wegreflektiert. So wird die Radarsignatur des Tigers reduziert. Die Infrarotsignatur des Hubschraubers wird durch eine spezielle Tarnfarbe gedämpft. Die Farbe soll laut Herstellerangaben große Teile der Infrarotstrahlung absorbieren.

An den Rumpfbug schließt sich die Cockpitsektion des Hubschraubers an. Die Außenhaut dieser Sektion ist in ihrem Aufbau der Außenhaut des Rumpfbugs ähnlich. Es sind aber zusätzliche Kevlarschichten eingebaut. Die durch Kevlar[77] verstärkte Außenhaut ist relativ dick und umschließt den unteren Teil der Cockpitsektion fast vollständig. So wird ein gewisser Panzerschutz für die Besatzung hergestellt. Die Panzerung mit Kevlar ist ausreichend um die Piloten vor dem Beschuss aus leichten Infanteriewaffen abzuschirmen. Vielerorts ist zu lesen, dass die Außenhaut des Tigers in der Lage sei dem Beschuss von Waffen bis zum Kaliber 23 mm standzuhalten. Diese Aussage ist für Sprenggranaten zutreffend, explodieren diese doch sofort nach dem Aufschlag und setzen eine Splitterwolke frei. Diese Splitter werden vom Kevlar zuverlässig abgefangen.

Beim Beschuss mit panzerbrechender Munition dürfte die Sache jedoch anders aussehen.[78] Nicht ohne Grund wurden an modernisierten Tiger-Hubschraubern zusätzliche Panzerungselemente angebracht. Diese Elemente befestigte man außen an der Cockpitsektion. Sie bestehen aus Keramikmaterial.[79] Bei der Bundeswehr wurde die Nachrüstung dieser Panzerungselemente im Rahmen des Asgard-Programms durchgeführt. Mit der Keramik-Zusatzpanzerung dürfte die Besatzung vor Bodenfeuer mit panzerbrechenden Geschossen vom Kaliber 12,7 mm geschützt sein.

Die Cockpitverglasung wurde aus Plexiglas gefertigt. Sie bietet eine hervorragende Sicht nach außen, jedoch keinerlei Schutz vor Beschuss. In den seitlichen Scheiben be-

Die Bordkanone ist in den Versionen HAP, HAD, HAD-E und ARH vorhanden. (Foto: Airbus)

Die Cockpitsektion des Tigers UHT. (Foto: Normann)

Zusatzpanzerung für Tiger UHT Asgard-F. (Foto: Normann)

finden sich kleine, rechteckige Öffnungen, die durch Glasschieber geschlossen sind. Sie können von den Piloten geöffnet werden und dienen der Belüftung des Cockpits. Bei geschlossenen Schiebern ist das Cockpit gasdicht und kann gegen Außenwelteinflüsse hermetisiert werden.

Die Cockpitsektion des Tigers wird durch zwei voneinander getrennte Cockpits gebildet. Im vorderen Cockpit nimmt der Pilot Platz. Im hinteren Cockpit ist der als Bordschütze fungierende Kommandant untergebracht.[80] Der Pilot steigt von der linken Seite ein, der Kommandant muss auf der rechten Seite kleine Tritthilfen nutzen, um in sein Cockpit hineinklettern zu können.[81] Beide Zugänge zu den Cockpits öffnen nach oben.

Die Cockpits des Kampfhubschraubers Tiger sind als Glascockpit ausgelegt. Es gibt nur wenige herkömmliche Rundinstrumente.[82] Die Informationen werden stattdessen auf großen Multifunktionsanzeigen dargestellt.[83]

Zum Informationsangebot gehört unter anderem eine Landkarte, die auf einer Multifunktionsanzeige abgebildet wird. Auf dieser Landkarte werden die eigene Position des Hubschraubers, sowie die Positionen eigener und gegnerischer Einheiten dargestellt. Diese Informationen stammen

Beim Einstieg ins Kommandantencockpit muss man gelenkig sein. (Foto: Normann)

Zugang zum Pilotencockpit. (Foto: Normann)

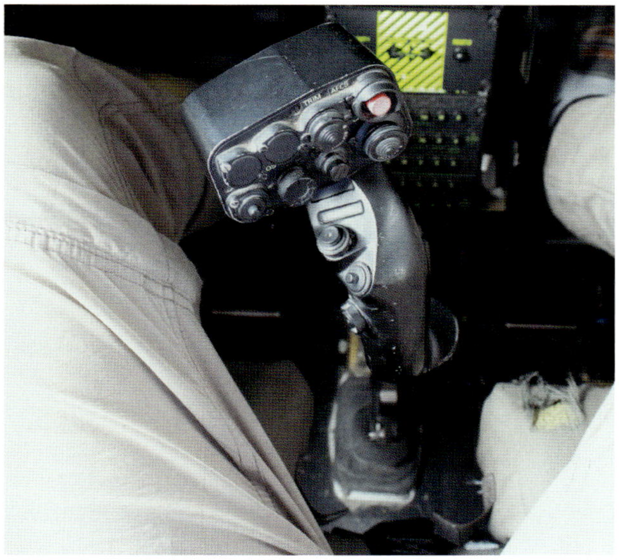

Steuerknüppel Kommandant. (Foto Normann)

Deutsche Piloten verwenden den britischen Knighthelm. (Foto: Bundeswehr, Mandt)

von den eigenen Sensoren, können aber auch per Datenverbund von anderen Tiger Hubschraubern geliefert werden. Die Vernetzung läuft über das Euro Grid Battlefield Management System. Der Datenaustausch mit anderen Hubschraubern und externen Sensoren verbessert das Lagebild[84] erheblich und steigert die Überlebensfähigkeit des Tigers im modernen Gefecht ungemein.

Zur Positionsbestimmung des Hubschraubers werden unterschiedliche Navigationssysteme genutzt. Dazu zählen das satellitengestützte System GPS und ein Trägheitsnavigationssystem. Im Trägheitsnavigationssystem sind zwei Laserkreisel und ein Dopplerrader integriert. Die Laserkreisel registrieren die Lageveränderungen des Hubschraubers. Mit dem Dopplerradar wird die Eigengeschwindigkeit des Hubschraubers in Relation zum Erdboden gemessen. Die aus den gewonnenen Daten errechnete Position wird im Cockpit auf einer der beiden Multifunktionsanzeigen dargestellt.

Im Cockpit werden auch Waffendaten und die Bedrohungslage angezeigt. Alle Computer an Bord des Hubschraubers sind miteinander vernetzt. Die Funkausstattung des Kampfhubschraubers Tiger umfasst ein VHF Funkgerät, ein UHF Funkgerät, eine Datenaustauschanlage und eine Satellitenfunkanlage.[85]

Ein Blickfelddarstellungsgerät[86] gibt es nur im vorderen Cockpit des französischen Tigre HAP. Beide Piloten verfügen über ein Helmvisier , in dem alle für den Flug notwendigen Informationen dargestellt werden.[87] Deutsche Piloten verwenden den britischen Knighthelm. Franzosen, Australier und Spanier nutzen den französischen TopOwl Helm.

Der TopOwl Helm besteht aus zwei Teilen. Der innere Helm wird speziell an den Kopf des Piloten angepasst und

Blick ins Kommandantencockpit des Tigre HAD. (Foto: Armee le Terre)

entsprechend justiert. Die Justierung ist wichtig, weil die Piloten die Bordkanone mit Hilfe des Helmes ausrichten. Um punktgenau zielen zu können ist es wichtig, dass der Helm am Kopf des Piloten stets an der richtigen Stelle sitzt.

Der äußere Teil des Helmes beinhaltet das Visier und die dazugehörige Darstellungstechnik. Er wird einfach auf den inneren Helm aufgesetzt und dort durch Klickverschlüsse befestigt. Beiderseits des Helmes befinden sich Prismen, die die Informationen in den durchsichtigen Teil des Visiers einspiegeln. Für Nachteinsätze können die Prismen, mit weni-

Die anderen Nationen nutzen den französischen TopOwl-Helm. (Foto: französisches Verteidigungsministerium)

Seitlich am Knighthelm sind die Restlichtverstärkerkameras angebracht. Das Bild wird in die Combiner genannten Prismen direkt vor den Augen des Piloten eingespielt. (Foto: Bundeswehr, Mandt)

Der TopOwl-Helm. (Foto: französisches Verteidigungsministerium)

Die Daten werden beim TopOwl-Helm direkt aufs Helmvisier eingespielt. (Foto: Thales)

gen Handgriffen, durch Restlichtverstärkerkameras ersetzt werden. Das Nachtsichtbild wird den Piloten direkt aufs Visier projiziert. Dieses Verfahren erlaubt eine gute Nachtsicht und ist für die Piloten viel angenehmer als das „Monokel", welches die Amerikaner bei der AH-64 Apache verwenden.[88]

Der TopOwl Helm hat zusätzlich noch ein zweites Visier. Es ist verspiegelt, kann bei grellem Sonnenlicht herabgezogen werden und schützt vor dem geblendet werden. Dieses Visier ist quasi eine große Sonnenbrille.

Beim im deutschen Tiger UHT verwendeten Knighthelm wird bei Nachteinsätzen das vom FLIR gelieferte Bild direkt in das Sichtfeld des Piloten eingespiegelt. Dieses Bild ist deutlich besser als jenes, welches von den Restlichtverstärkern des TopOwl Helmes geliefert wird. Darüber hinaus besitzt der Knighthelm zwei Nachtsichtkameras, die links und rechts am Helm befestigt sind. Ihre Bilder werden auf die Sichtprismen vor den Augen der Piloten eingespiegelt. So ist eine räumliche Nachtsicht möglich.

Genau wie beim TopOwl Helm werden auch beim Knighthelm alle für den Flug und den Kampf notwendigen Informationen ins Sichtfeld des Piloten eingespielt. Der Unterschied zum TopOwl Helm besteht darin, dass beim TopOwl die Daten auf die innere Visierscheibe projiziert werden, während beim Knighthelm die Daten in einer in den Helm integrierten, Combiner genannten „Brille" dargestellt werden. Die Gläser der „Brille" sind direkt vor den Augen des Piloten platziert.

Die im Knighthelm angezeigten Informationen sind so umfangreich, dass es der Besatzung des Kampfhubschraubers Tiger möglich ist den Helikopter zu fliegen, ohne auf die Instrumente im Cockpit schauen zu müssen. Damit kann die Besatzung während eines Einsatzes ihre ganze Aufmerksamkeit auf die Beobachtung des Umfeldes richten.

Beide Cockpits sind mit allen für den Flug notwendigen Bedienelementen ausgestattet. Sowohl Pilot, als auch Kommandant können den Helikopter fliegen. Im hinteren Cockpit sind zusätzliche Bedienelemente für die Sichtsysteme (Strix oder Osiris) und für die Bewaffnung untergebracht. Alle Bedienelemente sind nach dem HOCAS-Prinzip[89] aufgebaut. Das bedeutet, dass die Besatzung den Hubschrauber steuern kann, ohne die Hände vom Steuerknüppel und dem Gassteigerungshebel (Collective) nehmen zu müssen. An beiden Bedienelementen sind zusätzliche Taster und Schalter vorhanden, mit denen man alle erdenklichen Bedienvorgänge durchführen kann.

An den recht massiven Holmen des Cockpits sind kleine, kreisrunde Rückspiegel angebracht. Sie ermöglichen eine eingeschränkte Sicht nach hinten.

Ausgebauter Pilotensitz. (Foto: Normann)

Dieses Bild zeigt die Dicke der Außenhaut im Cockpitbereich und die Seitenpanzerung des Kommandantensitzes. (Foto: Normann)

Das Cockpit des Tigers ist eng. Es bietet gerade genug Platz für einen normal gewachsenen Mitteleuropäer.[90] Die Pilotensitze sind schmal. Ihre Seiten sind durch Kevlar verstärkt und nach vorn gezogen. Sie bieten damit Schutz vor Infanteriewaffen.

Hinter den Sitzen befindet sich jeweils ein massiver Stoßdämpfer. Der Stoßdämpfer soll bei einer Bruchlandung Energie absorbieren und den Piloten vor Verletzungen schützen. Damit er das tun kann ist es verboten den Platz unterhalb des Sitzes als Stauraum und Ablagemöglichkeit zu verwenden.

Bei mit einer Bordkanone ausgerüsteten Tigerversionen wird die Munitionszuführung am Cockpit vorbeigeführt.

Warnhinweis nichts unter dem Sitz zu verstauen. (Foto: Normann)

Die Sicht aus dem Cockpit eines Tigers ist zur Seite hin exzellent. Die weit nach unten gezogenen Seitenscheiben ermöglichen einen nahezu uneingeschränkten Blick nach außen.[91] Nach vorn ist die Sicht deutlich schlechter. Sie wird durch das Instrumentenbrett eingeschränkt.[92] Beim Vorwärtsflug wird die Sichtbehinderung aber gemindert, weil sich der Hubschrauber mit nach unten geneigter Nase vorwärts bewegt.

Im Bereich des Pilotencockpits setzten die Streben des Hauptfahrwerks an der Zelle an. Das Fahrwerk des Tigers ist ein Dreipunktfahrwerk mit Heckrad. Das Hauptfahrwerk ist abgestrebt und mit massiven Stoßdämpfern versehen. Sie sollen den Landestoß abpuffern. Sie sind so ausgelegte, dass sie eine Landung mit einer Sinkgeschwindigkeit von bis zu 6 m/s aushalten können.

Die Hauptfahrwerksbeine sind einfach bereift und mit einer Bremsanlage ausgestattet. Zusätzlich sind an den Fahrwerksbeinen Kabelschneider vorhanden. Sie sollen Stromleitungen im Fall einer Kollision durchtrennen und den Hubschrauber vor dem Absturz bewahren.

Das Hauptfahrwerk dient nicht nur dem sicheren Stand. Es gehört auch zum Schutzsystem bei einer Bruchlandung. Ist die Landegeschwindigkeit zu groß, als dass sie von den Stoßdämpfern aufgenommen werden kann, sollen die Hauptfahrwerksbeine kontrolliert kollabieren und dabei Bewegungsenergie absorbieren. Erst wenn dieses Abbrem-

Hauptfahrwerksbein rechts mit Stoßdämpfer und Kabelschneider. (Foto: Normann)

Rad des Hauptfahrwerks. (Foto: Normann)

sen nicht ausreichend ist, sollen die Stoßdämpfer unter den Pilotensitzen in Aktion treten, um einer Verletzung der Piloten vorzubeugen.

Das Schutzsystem des Kampfhubschraubers Tiger ist in der Lage Bruchlandungen mit einer Sinkgeschwindigkeit von 10,5 m/s auszuhalten, ohne das die Piloten ernsthaft verletzt werden. Die seitliche Aufprallgeschwindigkeit darf maximal 8 m/s betragen. Bei einem Frontalcrash wirken Rumpfnase und Hubschrauberzelle als Schutzsystem zusammen. Hier können Aufschlaggeschwindigkeiten von 12 m/s verkraftet werden.[93]

Oberhalb des Pilotencockpits befindet sich bei den Tigerversionen HAP, HAD, HAD-E und ARH das Sichtgerät Strix. Beim Tiger UHT ist an dieser Stelle einfach nur ein Dach.

Strix ist ein Mehrzweckgerät. Es beinhaltet ein Nachtsichtgerät, eine optische Kamera und einen Laserentfernungsmesser. Bei zum Einsatz lasergelenkter Raketen befähigten Tigerversionen sind im Strix zusätzlich ein Laserzielbeleuchter, sowie ein Laserpunktsuchgerät enthalten. Letzteres kommt zum Einsatz, wenn das anvisierte Ziel durch eine fremde Laserquelle beleuchtet wird. Diese Laserquelle können andere Hubschrauber, aber auch Bodentruppen sein, die das Ziel für den angreifenden Tiger markieren. Das hat den Vorteil, dass der Tiger nach dem Abschuss seiner lasergelenkten Waffen sofort abdrehen kann und sich nicht dem gegnerischen Abwehrfeuer exponieren muss.

Die maximale Sichtweite, die mit Strix erreicht werden kann, wird vom Hersteller mit 55 km angegeben. Mit dem Sichtgerät Strix ist es möglich Ziele bis zu einer Distanz von über 10 km zu erkennen. Die Unterscheidbarkeit ob das anvisierte Ziel Freund oder Feind ist, ist je nach Zielgröße bei einer Distanz zwischen 4 und 5 km gegeben.[94] Mit diesen Sichtentfernungen ist es dem Tiger möglich seine Waffen außerhalb der Nahbereichsverteidigung des Gegners zu starten.

Das Sichtsystem Strix des HAP hat zwei Optiken, das der anderen Versionen hat drei Optiken. (Foto: Airbus)

Oberhalb des Pilotencockpits gibt es bei jeder Version des Tigers einen weiteren Kabelschneider.

Hinter dem Pilotencockpit befindet sich das Hauptgetriebe des Hubschraubers. Es leitet die von den beiden Triebwerken stammende Energie direkt an den Hauptrotor und über eine Fernwelle an den Heckrotor weiter.

Der Hauptrotor ist als Vierblattrotor ausgestaltet. Der Rotorkopf wird aus Titan gefertigt. Die Rotorblätter sind gelenklos. Das heißt, es gibt beim Tiger keine teuren und wartungsintensiven Schlag- und Schwenkgelenke, wie sie bei nahezu allen anderen Hubschraubern der Welt üblich sind. Schlag- und Schwenkbewegungen der Rotorblätter während des Rotorlaufs werden durch elastische Biegungen der Rotorblattwurzeln ermöglicht. Änderungen des Anstellwin-

Rotor des Tigers UHT. (Foto: Normann)

Nahaufnahme des Rotorkopfs. Zwei Rotorblätter sind demontiert. (Foto: Normann)

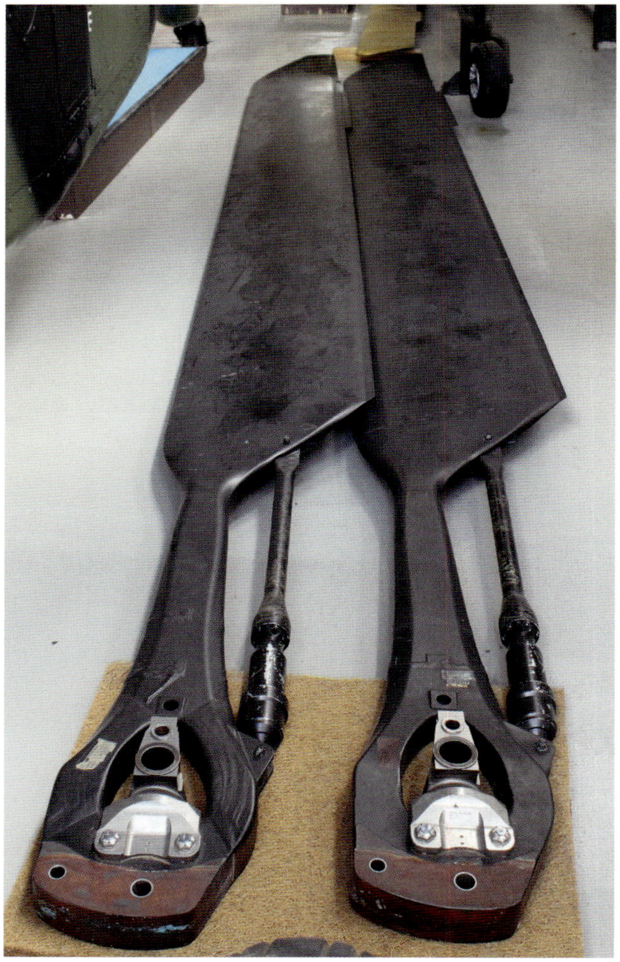

Demontierte Rotorblätter. (Foto: Normann)

kels der Rotorblätterwerden durch Elastomerlager sichergestellt.

Der Rotor lässt sich in relativ kurzer Zeit zusammenfalten. Dies ist bei maritimen Operationen, also dem Einsatz von Bord von Schiffen, hilfreich. So kann Platz gespart werden. Bei der Luftverlegung an Bord von Transportflugzeugen werden die Rotorblätter in der Regel demontiert.

Die Rotorblätter des Kampfhubschraubers Tiger bestehen nicht aus Segmenten, wie es vielerorts üblich ist. Sie werden stattdessen aus mehreren Kunststofflagen in einem Stück hergestellt.[95] Auf diese Weise ist es möglich Rotorblätter zu fertigen, die den hohen Belastungen eines gelenklosen Rotors standhalten.

Durch den Einsatz von Kunststoffen sind die Rotorblätter vom Radar nicht zu erfassen. Die Rotorblattenden sind abgeschrägt. So soll negativen aerodynamischen Effekten bei hoher Rotorgeschwindigkeit entgegengewirkt werden.[96]

Bei der Version Tiger UHT befindet sich auf dem Rotorkopf das Mastvisier Osiris. Osiris ist eine Kombination aus Fernsehkamera, Nachtsichtgerät auf Wärmebildbasis, Laserentfernungsmesser und dem Zielsystem für die Panzerabwehrlenkwaffen. Das Mastvisier wird vom Kommandanten alias Bordschützen bedient. Die dafür notwendigen Bedienelemente finden sich nur in seinem Cockpit. Die in Osiris verbauten Optiken ähneln den im Strix eingebauten Geräten. Auch sie haben eine maximale Sichtweite von 55 km.

Osiris kann horizontal um 360° geschwenkt werden. Eine Rundumbeobachtung ist jederzeit möglich, was ein großer Vorteil gegenüber dem Sichtsystem Strix darstellt.[97]

Mit Hilfe von Osiris kann ein Tiger UHT eine Gefechtsfeldbeobachtung durchführen ohne sich dabei selbst einer Gegenortung auszusetzen. Der Hubschrauber kann sich also hinter Sichthindernissen verstecken. Der Nachteil von Osiris besteht darin, dass das Mastvisier einen nicht zu unterschätzenden Luftwiderstand generiert und deshalb die Flugleistungen des Tigers UHT hinter denen der anderen Tigervarianten zurückbleiben.

Unterhalb des Hauptgetriebes befinden sich die Treibstofftanks, sowie elektronische Komponenten. Die Treibstofftanks sind selbstversiegelnd[98] ausgelegt und mit einem System zur Explosionsunterdrückung ausgestattet. Dabei wird ein nichtbrennbares Gas in die Tanks gedrückt, das die Entstehung eines explosionsfähigen Luft-Treibstoffgemisches verhindern soll.

Bei den mit einer Kanone bewaffneten Versionen des Tigers findet man in der rechten Rumpfhälfte, unterhalb des Stummelflügels, das Magazin für den Munitionsvorrat der Waffe. Der Zugang zum Magazin erfolgt benutzerfreundlich über eine große, horizontal geteilte Klappe. Die Mechaniker müssen lediglich vier Druckpunkte betätigen, um Zugang zu erhalten. Im Magazinraum befinden sich vier Magazinbehälter, die jeweils einen 90 Schuss fassenden Munitionsgurt aufnehmen können. Die Munitionsgurte der Behälter werden, nach dem Einsetzen ins Magazin, der Reihe nach miteinander verbunden. Die Munitionszuführung führt entlang der rechten Rumpfseite zur unter dem Rumpfbug befindlichen Bordkanone. Die Distanz zwischen Bordkanone und Magazin wird durch einen zusätzlichen 90-Schuss-Munitionsgurt überbrückt. Der Gesamtmunitionsvorrat für die Kanone beträgt 450 Schuss. Das Einfädeln des Munitionsgurtes erfolgt mit Hilfe einer Schnur, die durch die Munitionszuführung gezogen wird.

Beiderseits des Rumpfes befinden sich die Stummelflügel des Kampfhubschraubers. Diese bestehen aus zwei Holmen, die aus Aluminium gefertigt sind und Rippen aus Kunststoff. Sie sind mit einer Kunststoffbeschichtung überzogen. Das äußere Drittel der Stummelflügel ist leicht nach unten abgeknickt. So sollen die Flugstabilität verbessert und Radarstrahlen nach oben wegreflektiert werden.

Jeder Stummelflügel ist mit zwei Pylonen ausgestattet. Die inneren Pylonen dienen als Aufnahmepunkte für die Hauptbewaffnung. Das können Vierfachstarter für Panzerabwehrlenkwaffen, MG- und Kanonenbehälter oder Startbehälter für ungelenkte Raketen sein. Die inneren Pylonen sind „nass“ ausgelegt. Das bedeutet, dass an ihnen Treibstoffzusatztanks mitgeführt werden können. Ein solcher Zusatztank fasst 350 Liter.

Rückseite von Osiris. (Foto: Normann)

Osiris von vorn. (Foto: Bundeswehr, Mandt)

Die äußeren Pylonen waren ursprünglich ausschließlich für die Aufnahme von Luft-Luft-Raketen vorgesehen. Nur beim französischen Geleithubschrauber Tigre HAP sollten auch kleine Behälter ungelenkter Raketen mitgeführt werden können. In der Zwischenzeit sind aber alle Versionen des Kampfhubschraubers Tiger in der Lage sowohl Startbehälter für ungelenkte Raketen, als auch Doppelstarter für Luft-Luft-Raketen an den äußeren Pylonen tragen zu können.[99]

Im Notfall können die Pylone abgeworfen werden.

An den äußeren Enden der Stummelflügel befinden sich die prismenförmigen Empfänger der Laserwarnanlage. Sie sollen die Besatzung warnen, wenn der Helikopter durch einen Laserstrahl erfasst wird. Dabei wird unterschieden ob die Anstrahlung einmalig oder permanent erfolgt.[100] Die Laserwarnanlage ermöglicht es Laseranstrahlungen im horizontalen Bereich von 360° zu entdecken. Die Laserwarnanlage ist, genau wie das Raketenwarnsystem MILDS, mit dem Bedrohungswarnsystem TWE verbunden. TWE kann die Art

Osiris am PT3. (Foto: Normann)

Stummelflügel mit Pylonen für Waffen und Tanks. (Foto: Normann)

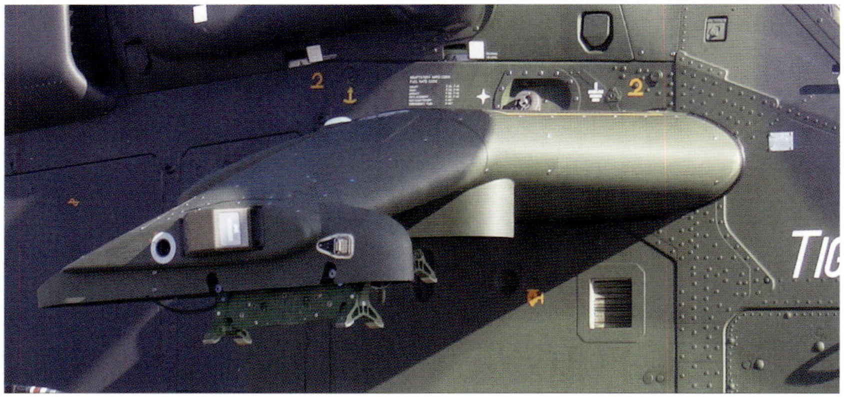

der Bedrohung erkennen und entsprechende Gegenmaßnahmen einleiten.

Hinter dem Hauptgetriebe befinden sich die beiden Triebwerke des Typs MTR390. Die Triebwerke sind für ihre erzeugte Leistung recht klein und kompakt. Zum Einsatz kommen das 169 kg schwere MTR390-2C mit einer Dauerleistung von 873 kW, also 1.186 PS oder das 10 kg schwerere MTR390-E mit einer Dauerleistung von 1.000 kW, sprich 1.359 PS. Beide Triebwerke sind durch ein 8 mm starkes Brandschott aus Stahl voneinander getrennt.

Die für die Triebwerke benötigte Luft wird durch seitlich des Rumpfes angebrachte Lufteinläufe zugeführt. Vor den

Stummelflügel Seitenansicht. Man erkennt den Sensor der Laserwarnanlage. (Foto: Normann)

Getriebe und Triebwerk MTR390-2C. (Foto: Normann)

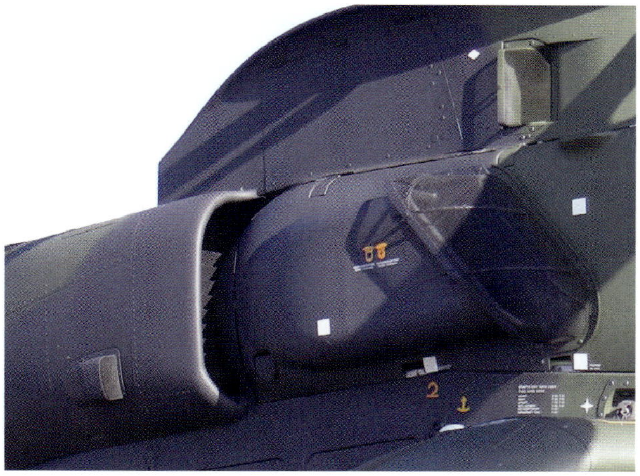

Lufteinlauf Tiger UHT. (Foto: Normann)

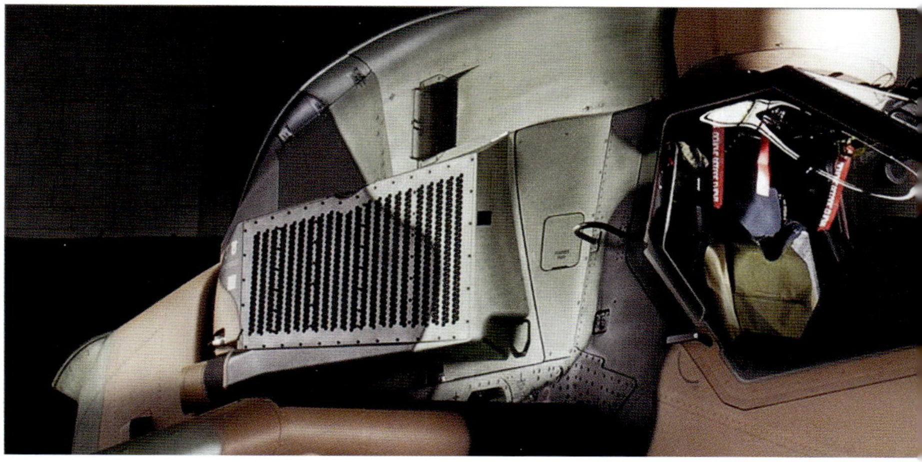

Lufteinlauf Tiger ARH. (Foto: Airbus)

Lufteinläufen befinden sich ein Schutzgitter und ein Filtersystem. Weil diese Filterkombination für Wüsten und Gegenden mit hoher Staubentwicklung nicht ausreichend war, wurde für die australischen Tiger ARH ein verändertes Filtersystem entwickelt. Man erkennt es an den an Haifischkiemen erinnernden Schlitzen an der Seite. Dieses Filtersystem wurde später auch bei den anderen Versionen des Kampfhubschraubers Tiger verwendet.

Die Abgase der Triebwerke werden nach hinten ausgeblasen. Sie werden dabei durch ein aktives Kühlsystem geführt. In diesem Kühlsystem wird kalte Außenluft mit den heißen Abgasen vermischt. Die durchmischten und gekühlten Abgase werden anschließend nach oben in den Rotorstrom geleitet. Der vom Rotor erzeugte Abwind verwirbelt die Abgasschleppe und kühlt sie weiter ab. Das Infrarotbild der Abgase ist deshalb nicht mehr stark konturiert, sondern verwaschen. Es kann von Infrarotsensoren schwerer erfasst werden. Das Abgaskühlsystem ragt weit über den Heckausleger des Hubschraubers.

Unterhalb des Heckauslegers befindet sich das Täuschkörperwurfsystem Saphir-M.

Das Saphir-M besteht aus zehn Werferkassetten, von denen jeweils fünf ihre Störkörper nach links bzw. nach rechts auswerfen. Die Größe der eingesetzten Störkörper kann variieren. Es gibt sie im Kaliber 19 mm und 25 mm.

Zum Einsatz kommen Düppel und Infrarotstörkörper. Düppel sind im Prinzip Stanniolstreifen, die ein Radar durch eine Vielzahl von Störsignalen verwirren soll.[101] Infrarotstörkörper sind Leuchtkugeln, die Infrarotsensoren ein sehr heißes und somit attraktives Ziel bieten.

Der Einsatz von Saphir-M wird durch das Bedrohungswarnsystem TWE gesteuert. Es gibt mehrere Ausstoßmodi, die je nach Bedrohungslage aktiviert werden können. So

Luftzufuhr zum Kühlsystem der Abgase. (Foto: Normann)

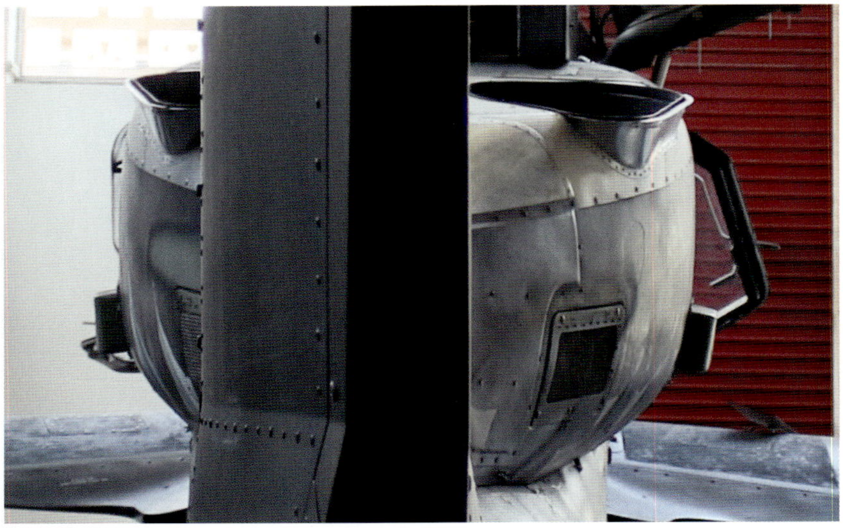

Blick auf das Kühlsystem der Abgase von hinten. Im Vordergrund des Bildes ist die aerodynamisch geformte Heckflosse zu sehen. (Foto: Normann)

ist sowohl der Auswurf einzelner Störkörper in bestimmten Zeitintervallen möglich, als auch der Auswurf ganzer Störkörpersalven.[102] Der manuelle Einsatz der Störkörperwerfer durch die Piloten ist ebenfalls möglich.

Einen Infrarotstörstrahler, wie er bei den amerikanischen und russischen Kampfhubschraubern heutzutage Standard ist, gibt es beim Tiger nicht. Man glaubt stattdessen, dass die aktive Kühlung der Abgase, im Verbund mit einer die Infrarotstrahlung reduzierenden Tarnbemalung ausreichend ist, um die Sicherheit des Hubschraubers zu gewährleisten.

Am Ende des Heckauslegers finde man die hinteren Sensoren des Raketenwarnsystems, sowie die Antennen des Radarwarngerätes.

Einige Versionen des Kampfhubschraubers Tiger besitzen entlang der linken Seite des Heckauslegers eine lange Funkantenne. Weitere Antennen sind auf der Oberseite des Heckauslegers verbaut.

Der Heckausleger geht in eine aerodynamisch geformte Heckflosse über. Die Heckflosse ist so geformt, dass sie

Störkörperwerfer Saphir-M. (Foto: Pecci)

Heckflosse im Profil. (Foto: Normann)

beim Vorwärtsflug einen Teil des notwendigen Drehmomentausgleichs generiert und somit die Belastung des Heckrotors reduziert.

Der Heckrotor verfügt über drei Rotorblätter. Die Rotorblätter des Heckrotors werden aus verschiedenen Lagen Glasfaserverbundwerkstoff hergestellt.

An der Wurzel der Heckflosse befinden sich die Stabilisatoren. Im Gegensatz zu vielen anderen Hubschraubermodellen sind die Stabilisatoren des Tigers nicht steuerbar. Zur Verbesserung der Längsstabilität sind die Enden der Stabilisatoren mit trapezförmigen Endscheiben ausgestattet.

Unterhalb der Heckflosse befindet sich eine Kielflosse, die als Träger des Heckrades dient. Das Heckrad ist beweglich. Es kann nicht eingefahren werden.

Der Kampfhubschrauber Tiger ist zu großen Teilen aus Kompositwerkstoffen gefertigt. Etwa 77% des Gewichts der Hubschrauberzelle gehen auf das Konto dieser Materialien. Im Vergleich zur herkömmlichen Metallbauweise konnte das Gewicht der Hubschrauberzelle um etwa ein Drittel reduziert werden. 11% des Hubschraubergewichts gehen auf das Konto von Aluminiumverbindungen und 6% des Gewichts stammt aus Titanbauteilen.

Die Bauzeit eines Kampfhubschraubers Tiger beträgt etwa ein halbes Jahr. Dabei werden etwa 120.000 Teile zusammengefügt und circa 30 km Kabel verlegt. In einem Tiger stecken rund 20.000 Arbeitsstunden.

Kontrolle des Heckrotors. (Foto: Sgt Rick Frost, US Army)

Das Heckrad. (Foto: Normann)

Heckflosse mit Stabilisatoren und Endscheiben. Die Endscheiben sind leicht quergestellt und helfen beim Drehmomentausgleich. (Foto: Sgt Rick Frost US Army)

Das Schutzkonzept

Auf dem modernen Gefechtsfeld ist ein Kampfhubschrauber einer Vielfalt von Bedrohungen ausgesetzt. Um diesen Bedrohungen widerstehen zu können besitzt der Kampfhubschrauber Tiger ein ausgefeiltes Schutzkonzept, das auf zwei Hauptsäulen beruht. Die erste Säule umfasst alle Maßnahmen, die den Kampfhubschrauber davor bewahren von gegnerischen Waffen getroffen zu werden. Die zweite Säule beinhaltet alle Maßnahmen, die den Tiger befähigen Treffer auszuhalten.

Es gibt eine Vielfalt von Maßnahmen, die den Tiger davor bewahren sollen getroffen zu werden. Dazu gehört zu allererst die Größe des Helikopters. Im Vergleich zu anderen Kampfhubschraubern ist der Tiger verhältnismäßig klein. Sowohl die AH-64 Apache als auch die Mi-24 bieten gegnerischen Luftabwehrwaffen eine viel größere Angriffsfläche. Der Tiger wirkt im Gegensatz zu diesen beiden mächtigen Kampfhubschraubern nahezu grazil.

Das trifft vor allem auf die Fläche zu, die der Hubschrauber im Frontalanflug zeigt. Hier ist der Tiger sehr schmal gehalten. Er bietet dem Gegner nur eine sehr geringe Zielfläche.

Ein zweiter Aspekt, der einen Treffer vermeiden soll, ist die hohe Agilität des Tigers. Er ist dafür konstruiert in Erdbodennähe schnell und höchstbeweglich zu fliegen. Er soll kurz auftauchen, zuschlagen und sich dann so schnell es geht zurückziehen.

Für diese Kampfesform ist der deutsche Tiger UHT geradezu prädestiniert. Seine Sensorsysteme und sein Waffensystem ermöglichen es ihm, nahezu unbemerkt das Gefechtsfeld zu beobachten, seine Ziele auszuwählen, zum Kampfsprung aufzusteigen, innerhalb kürzester Zeit seine Waffen abzufeuern, um sich anschließend so schnell es geht wieder in Sicherheit zu bringen. Die Zeit in der sich der Tiger dem Feindfeuer exponieren muss konnte stark reduziert werden.

Dieses Bild zeigt wie schmal der Tiger gebaut ist. Er bietet dem Gegner deshalb nur eine geringe Trefferfläche. (Foto: Australian Army)

Ein dritter Punkt der die Verwundbarkeit des Tigers reduzieren soll besteht aus der Auswahl der Materialien, die zu seinem Bau verwendet werden. 77 % der Struktur des Tigers bestehen aus Kompositmaterialien. Diese Materialien sind vom Radar nur schwer oder gar nicht zu entdecken. Die Größe der Radarreflektion die ein Tiger zurückwirft ist deshalb recht gering. Um sie noch weiter zu senken, wurde die Hubschrauberzelle so geformt, dass sie beim Frontalanflug auf ein Radar die eingehenden Radarwellen vom Sender wegreflektiert. Der Tiger wird durch diese Maßnahmen zwar nicht für das Radar unsichtbar. Seine Radarsignatur ist aber deutlich kleiner als die anderer Kampfhubschrauber.

Ein vierter Aspekt zur Vermeidung eines Treffers besteht in der optischen Tarnung des Helikopters. Dazu dient, neben seiner geringen Größe, die Tarnbemalung. Die Tarnbemalung der unterschiedlichen Tiger-Varianten variiert je nach Einsatzort und Betreiber. Sie ist stets als Verzerrungsanstrich ausgelegt und soll die Erkennung des Hubschraubers durch das menschliche Auge oder optische Sensoren erschweren. Gemein haben alle Tarnbemalungen, dass die bei ihnen verwendete Farbe infrarotschluckend ist. Deshalb ist es für Infrarotsuchköpfe schwieriger einen Tiger ins Visier zu nehmen.

Zur optischen Tarnung gehört auch die Anordnung der optischen Sensoren. Beim Tiger sind sie sehr weit oben angebracht. Alle anderen Kampfhubschrauber, egal ob aus Ost oder West, haben ihre optischen Sensoren in oder unter der Rumpfnase. Deshalb muss sich ein solcher Kampfhubschrauber exponieren, wenn er das Gefechtsfeld beobachten will. Er setzt sich damit einer Gegenortung aus und damit der Gefahr vom Gegner bekämpft zu werden.

Anders der Tiger. Sowohl beim Tiger UHT, als auch bei allen anderen Tiger-Versionen, befinden sich die optischen Sensorsysteme oberhalb des Cockpits. Der Tiger kann sich also hinter Deckungen verbergen, während er das Gefechtsfeld beobachtet. Beim Tiger UHT ist diese Fähigkeit bis zum Exzess ausgeprägt. Er muss nur den Sensorkopf des Mastvisiers Osiris herausschauen lassen und ist deshalb für den Gegner nahezu unsichtbar.

Doch auch die anderen Tiger-Varianten sind vergleichsweise gut getarnt. Ihre Piloten können den Hubschrauber bis zur Oberkante des Kommandantencockpits hinter einer Deckung verschwinden lassen. Somit exponieren sie nur den Hauptrotor und das Sensorsystem Strix, was die Gefahr einer Gegenortung stark herabsetzt.

Der letzte Punkt um feindliche Treffer zu entgehen besteht aus einem ausgeklügelten Selbstverteidigungssystem. Es besteht aus Warnsensoren und Störkörperwerfern. Es gibt verschiedene Sensoren, die die Besatzung vor einer Anstrahlung durch gegnerisches Radar oder feindliche Laserstrahlen und sogar vor dem Start angreifender Raketen warnen. Die Bedrohung wird vom Bedrohungswarnsystem TWE verarbeitet und der Besatzung angezeigt. Das TWE kann automatisch Gegenmaßnahmen einleiten. Die bestehen in der Regel im massiven Ausstoß von Störkörpern, die ihrerseits anfliegende Raketen ablenken sollen.

Wird ein Tiger von feindlichen Waffen getroffen greifen die Maßnahmen, die dazu führen sollen das Überleben nach einem Treffer sicherzustellen.

Eine Panzerung im ursprünglichen Sinne besaß der Tiger ursprünglich nicht. Er hatte keine Panzerplatten aus Stahl oder Keramik, die Besatzung und Triebwerke vor den Wirkungen eines Treffers abschirmten. Später wurden Panzerungselemente aus Keramikmaterialien im Cockpitbereich nachgerüstet.

Die Außenhaut und die tragenden Elemente der Zelle des Tigers wurden weitestgehend aus Kompositmaterialien gefertigt. Sie sind unterschiedlich dick. Es gibt Bereiche, die ein Angreifer mit einem Dolch oder einer Axt leicht durchschlagen kann, wie vor einigen Jahren ein erboster Australier eindrucksvoll demonstrierte. Dann gibt es aber auch andere Bereiche in denen die Kompositmaterialen sehr dick sind. Sie sind so dick, dass sie Geschosse aus kleinkalibrigen Waffen stoppen können. Für diesen Zweck sind sie mit Lagen aus Kevlar verstärkt. Um den Schutz der Piloten zu verbessern sind auch die Pilotensitze mit Seitenpanzerungen aus Kevlarmaterial versehen.

Es ist häufig zu lesen, dass der Tiger gegen Beschuss aus 23 mm Maschinenkanonen geschützt ist. Das heißt nicht, dass ihm 23 mm Granaten nichts anhaben können, denn es gibt verschiedene Granatarten. Die wichtigsten sind die Splittersprenggranate und die Panzergranate. Die Splittersprenggranate explodiert direkt nach dem Aufprall. Sie ist dünnwandig und enthält verhältnismäßig viel Sprengstoff. Bei ihrer Explosion setzt sie eine Splitterwolke frei. Die Wirkung der Splittersprenggranate wird von den dickwandigen Bereichen der Hubschrauberzelle zuverlässig abgeschirmt. In von einer dünnen Außenhaut umgebenen Bereichen, wie zum Beispiel dem Rumpfbug vor dem Cockpit, kann eine Splittergranate durchaus Wirkung erzielen. Die Panzergranate besteht aus einem massiven Stahlkörper in dessen Ende eine winzige Sprengladung integriert ist. Diese Granate soll Panzerungen durchdringen und im Inneren des Helikopters explodieren.

Die Agilität des Tigers ist herausragend. (Foto: Australian Army)

In einem solchen Fall greifen beim Tiger eine Reihe weiterer Schutzmaßnahmen. Der Tiger ist so aufgebaut, dass sich unwichtigere Baugruppen wie ein Schutzschild um lebensnotwendige Baugruppen legen. Sie nehmen die Wucht des Treffers auf und sichern so das Überleben des Helikopters.

Wichtige Baugruppen sind zudem dubliert vorhanden. Beim Ausfall eines Systems kann das Schwesternsystem die Aufgabe weiter erfüllen. Ein Beispiel hierfür ist der Triebwerksblock. Er besteht aus zwei Triebwerken, die jedes für sich stark genug sind den Hubschrauber in der Luft zu halten. Um die Überlebenswahrscheinlichkeit zu erhöhen sind die Triebwerke physisch voneinander getrennt. Das geschieht durch ein Panzerschott, dessen Dicke so bemessen ist, dass es die Explosion eines Triebwerks problemlos abfangen kann und auf diese Weise das andere Triebwerk vor Beschädigungen schützt. Dem Ausfall beider Triebwerke durch einen einzelnen Treffer wird auf diese Weise vorgebeugt.

Die Tanks des Tigers sind selbstversiegelnd. Ihre Außenhaut ist mehrlagig. In die Außenhaut ist eine Schicht nicht nichtvulkanisierten Gummis eingebaut. Wird der Tank durchschossen fließt Triebstoff durch das Einschussloch. Dabei kommt der Treibstoff mit dem Gummi in Berührung. Im Gummi entsteht eine chemische Reaktion. Er bläht sich auf. Durch das Aufblähen quillt das Einschussloch zu. So wird der Treibstoffverlust gestoppt oder zumindest reduziert. Um eine Explosion des Tanks zu verhindern ist der Tiger mit einem System ausgestattet, das ein neutrales, also nicht explosionsfähiges Gas in den Tank drückt. So wird dem Entstehen eines explosionsfähigen Luft-Triebstoff-Gemisches im leeren Teil des Tanks vorgebeugt.

Die Rotoren sind so aufgebaut, dass sie auch nach Durchschüssen mit 23 mm Waffen für eine gewisse Zeit in der Lage sind weiter zu arbeiten.

Ein Schwachpunkt beim Tiger ist sicherlich die Cockpitverglasung, die höchstens dem Beschuss aus Steinschleudern widerstehen kann. Beschuss aus Handfeuerwaffen ist problemlos in der Lage die Cockpitverglasung zu durchdringen. Deshalb müssen die Piloten persönliche Schutzausrüstungen tragen.

Um den Tiger gegen einige Auswirkungen einer Kernwaffenexplosion zu schützen gibt es zwei Maßnahmen. Zum einen ist das Cockpit hermetisierbar, so dass radioaktive Stoffe nicht ins Cockpit eindringen können. Zum anderen ist in die Außenhaut des Tigers ein Kupfernetz eingebaut. Dieses Netzwerk schirmt die Elektronik des Hubschraubers zuverlässig gegen die Auswirkungen des elektromagnetischen Impulses ab. Nebenbei schützt dieses Kupfernetz die Bordelektronik auch vor den Auswirkungen von Blitzschlägen.

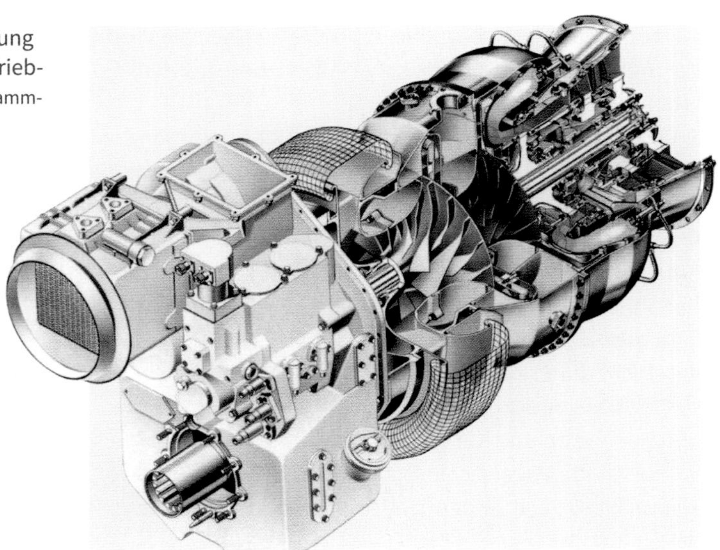

Schnittzeichnung des MTR390-Triebwerks. (Foto: Sammlung Normann)

Triebwerk

Der Kampfhubschrauber Tiger wird von zwei Turbinen des Typs MTR390 angetrieben. Das MTR390 wurde seit Mitte der 1970er-Jahre entwickelt und sollte als Antrieb für militärische und zivile Hubschrauber dienen. Der eigentliche Programmstart fand 10 Jahre später statt, als das MTR390 zum Triebwerk für den Kampfhubschrauber Tiger auserkoren wurde.

Entwickelt wurde das MTR390 als Gemeinschaftsprojekt von den Firmen MTU, Rolls-Royce und Turbomeca. Es wird von den Firmen gemeinschaftlich gebaut. Als Spanien dem Tiger-Programm beitrat, wurde das weiterentwickelte Triebwerk MTR390-E auch bei der spanischen Firma ITP gefertigt.

Das MTR390 ist ein Turbinenwellentriebwerk mit Radialverdichter und Axialturbine, das in Zweiwellenbauweise ausgeführt ist. Diese Bauform wurde gewählt um ein möglichst kurzes Triebwerk zu erhalten.[103] Die kurze Bauform ermöglichte es eine kompakte Hubschrauberzelle zu konstruieren.

Der Radialverdichter besteht aus zwei Verdichterstufen. Beide Stufen sind hintereinander angeordnet. Anders als beim Axialverdichter, bei dem die Luft auf geradem Wege das Triebwerk durchläuft, wird bei einem Radialverdichter die Luft nach außen geschleudert, um sie zu komprimieren.[104] Die beiden Verdichterstufen des MTR390-2C erreichen ein Verdichtungsverhältnis von 13:1. Beim verbesserten und leistungsstärkeren Model MTR390-E beträgt das Verdichtungsverhältnis 14:1.

An die Verdichterstufen schließt sich die Brennkammer an. Sie ist beim MTR390 als Umkehr-Ringbrennkammer[105] ausgelegt. Hier wird die angesaugte und verdichtete Luft mit Treibstoff vermischt, eingespritzt und verbrannt.

Die dabei entstehenden Gase treiben die Turbinenstufe des Triebwerks an. Die Turbinenstufe ist als Axialturbine ausgelegt. Das heißt, die ausströmenden Gase durchlaufen die Turbine auf geradem Wege. Sie ist in zwei Abschnitte eingeteilt. Die erste Turbinenstufe[106] ist über eine Welle direkt mit der Verdichterstufe verbunden und treibt diese an. Diese Welle führt direkt durch die Brennkammer, weshalb sie von den Flammen abgeschirmt und durch eingeleitete Luft gekühlt wird.

Die anderen beiden Turbinenstufen[107] sitzen gemeinsam auf einer zweiten Welle. Sie sind von der ersten Turbinenstufe physisch getrennt. Die Koppelung beider Teile der Turbine erfolgt auf gasdynamischem Wege.[108] Die Welle der beiden letzten Turbinenstufen ist mit dem Getriebe des Hubschraubers verbunden und gibt die erzeugte Leistung an dieses ab.

Techniker beim Kontrollcheck von Getriebe und Triebwerk des Tigre HAD. (Foto: Airbus Helicopters)

Die in der Axialturbine entspannten Abgase verlassen das Triebwerk in Richtung eines aktiven Kühlsystems, mit dem die Abgastemperatur deutlich reduziert wird.[109]

Das Triebwerk ist 107,8 cm lang. Es hat eine Höhe von 68,2 cm und eine Breite von 44,2 cm. In der Version MTR390-2C wiegt es 169 kg. Die Version MTR390-E ist mit 179 kg etwas schwerer.

Das MTR390 ist modular aufgebaut. Modul 1 umfasst die Getriebeeinheit. Es ist für den Antrieb der Anbauteile des Triebwerks verantwortlich. Modul 2 ist das eigentliche Triebwerk. Es besteht aus den beiden Radialverdichterstufen, der Ringbrennkammer und der einstufigen Hochdruckturbine. Modul 3 ist die Arbeitsturbine. Sie beinhaltet die zweistufige Niederdruckturbine, sowie die Niederdruckwelle, die die erzeugte Kraft an das Hauptgetriebe abgibt.

Jedes der drei Module kann separat ausgebaut und getauscht werden.

Die Leistungsabgabe des Triebwerks wird auf elektronischem Wege gesteuert.[110]

In der Version MTR90-2C gibt das Triebwerk eine Dauerleistung von maximal 873 kW, sprich 1.186 PS ab. Die Startleistung, die für 30 Minuten Dauerbetrieb zugelassen ist, beträgt 958 kW, gut 1.300 PS. Für 2 Minuten und 30 Sekunden stehen 1.027 kW bzw. 1.395 PS zur Verfügung. Im Notfallregime kann das Triebwerk für 30 Sekunden eine Leistung von 1.160 kW oder anders ausgedrückt 1.576 PS erzeugen. Das ist für ein solch kleines Triebwerk enorm viel.

Die Version MTR390-E hat eine Dauerleistung von maximal 1.000 kW, sprich 1.359 PS. Die Startleistung beträgt 1.094 kW, also 1.486 PS. Im Überlastbetrieb können für 2 Minuten und 30 Sekunden 1.171 kW bzw. 1.591 PS geleistet werden. Im Notfallbetrieb stehen für 30 Sekunden 1.322 kW oder anders ausgedrückt 1.796 PS zur Verfügung.

Weil der Kampfhubschrauber Tiger keine nennenswerte Panzerung im eigentlichen Sinne besitzt, mussten die Triebwerke beschussresistent gemacht werden. Sie sind so solide gebaut, dass bei einer zerstörten Ölzufuhr, also bei ausbleibender Schmierung, das Triebwerk für mindestens 30 Minuten weiter betrieben werden kann. In Testläufen wurden bis zu 65 Minuten Laufzeit erreicht, ehe sich das Triebwerk selbst zerstörte.

Dasselbe gilt auch für das Hauptgetriebe des Hubschraubers. Damit diese Standfestigkeit erreicht werden kann wurden viele Teile des Triebwerks, sowie das gesamte Hauptgetriebe aus Titan hergestellt.

Das Triebwerk MTR390 ist modular aufgebaut. Jedes der drei Module lässt sich separat austauschen. (Foto: Safran Group)

Um die Überlebensfähigkeit des Hubschraubers weiter zu erhöhen wurde zwischen beiden Triebwerken ein 8 mm dickes Brandschott aus Stahl eingebaut. So wird vermieden, dass sich der Ausfall eines Triebwerks, sei es durch einen Treffer, eine Explosion oder einen Brand auf das andere Triebwerk auswirkt. Der Hubschrauber Tiger ist in der Lage auch mit nur einem funktionsfähigen Triebwerk seinen Flug fortzusetzen.

Optiken und andere Sensoren

Strix

Das RMS Strix ist das Sichtsystem, das in den Tiger-Versionen HAP, HAD, HAD-E und ARH zum Einsatz kommt. Das Kürzel RMS steht für **R**oof **M**ounted **S**ight, frei übersetzt: „auf dem Dach montiertes Sichtgerät".

Der Name Strix kommt aus dem Lateinischen und ist in der Zoologie der Gattungsname einer großen Gruppe von Eulen, nämlich der Käuze.[111]

Strix ist auf dem Dach des Bordschützencockpits installiert. Das Dachvisier allein wiegt 83 kg. Mit allen weiteren Anbauteilen, die zu Strix gehören, bringt das Sichtsystem insgesamt 105 kg auf die Waage.

Weil das Dachvisier nahe des Hauptgetriebes platziert ist, ist es nicht unerheblichen Erschütterungen ausgesetzt. Um dennoch ein gutes Bild erzeugen zu können wurde das System Strix vollstabilisiert. Die Vollstabilisierung von Optiken kennt man bereits seit vielen Jahren aus dem Panzerbau. Laienhaft ausgedrückt gibt es bei einem vollstabilisierten optischen System einen kardanisch aufgehängten Kreisel als Herzstück. Dieser Kreisel rotiert sehr schnell und ist auf Grund der Masseträgheit bestrebt seine Position stets beizubehalten, egal wie sich sein Umfeld auch bewegen mag. Er bleibt immer in ein und derselben Position.

Messfühler tasten permanent die Bewegungen der den Kreisel umgebenden Hubschrauberzelle ab und leiten die gewonnenen Daten an das Stabilisierungssystem weiter. Dieses System generiert nun Steuerbefehle an die Stellmotoren der Optik, die die Bewegungen des Hubschraubers ausgleichen und so die Optik in ihrer Position halten.

Auf diesem Wege wird ein ruhiges und erschütterungsfreies Bild ermöglicht.

Das Sichtsystem Strix besteht in der Basisausführung aus drei Geräten. Zum ersten gib es eine zoombare Fernsehkamera, zum zweiten ein Nachtsichtgerät auf Wärmebildbasis und zum dritten ist ein Laserentfernungsmesser vorhanden. Der Laserentfernungsmesser hat eine Reichweite von etwa acht Kilometern.

Die Basisvariante von Strix ist im Tigre HAP eingebaut.

Die verbesserte Variante von Strix findet man beim Tigre HAD, HAD-E und beim australischen Tiger ARH.

Hier hat der Laserentfernungsmesser eine Reichweite von 27 Kilometer. Zusätzlich zur Fernsehkamera, dem Nachtsichtgerät und dem Laserentfernungsmesser beinhaltet die verbesserte Strix-Variante einen Laserzielbeleuchter und ein Laserpunktsuchgerät.

Der Laserzielbeleuchter, auch Laserdesignator genannt, ist für den Einsatz lasergelenkter Panzerabwehrlenkwaffen vorgesehen. Mit seiner Hilfe markiert der Bordschütze ein Ziel, indem er einen kontinuierlichen und codierten Laserstrahl auf das Ziel aussendet.[112] Die Raketen orientieren sich an der Reflektion des Laserstrahls und steuern das Ziel punktgenau an.

Strix des Tigre HAD ist an den drei Optiken erkennbar. (Foto: Sagem)

Bedient wird das Strix vom Bordschützen / Kommandanten. Das dazu gehörige Sichtgerät hängt vom Dach des hinteren Cockpits herab. Zur Bedienung von Strix hat der Kommandant zwei Steuerungshebel, die sich links und rechts neben seinem Sitz befinden.

Anders als bei den meisten anderen Kampfhubschraubern, die ihre optischen Sichtsysteme für gewöhnlich in der Nase oder unterhalb der Nase verbaut haben, befindet sich das Sichtsystem Strix auf dem Dach des Kommandan-

Strix des Tigre HAP hat nur zwei Optiken. (Foto: Boevaya Mashina)

Das Laserpunktsuchgerät, englisch: Laserspottracker, sucht einen Laserpunkt und verfolgt ihn selbständig. Der Laserspottracker kommt dann zum Einsatz, wenn die Ziele von anderen Quellen markiert werden. Das können andere Hubschrauber oder Flugzeuge, bzw. Bodentruppen sein.

Das Sichtsystem Strix ist in der Lage bis zu vier vom Bordschützen ausgewählte Ziele automatisch zu verfolgen. Das gilt aber nur solange sich alle Ziele im Sichtbereich der Optik befinden.[113]

Das Sichtsystem Strix hat einen horizontalen Schwenkbereich von +/– 120°. Es kann 40° nach oben und 25° nach unten geschwenkt werden.

Strix wird vom Kommandanten über das Helmvisier gesteuert. (Foto: Airbus)

tencockpits. Es ist damit vergleichsweise hoch angesetzt. Diese Anordnung ermöglicht es dem Tiger sich bei einer Gefechtsfeldbeobachtung teilweise hinter Deckungen zu verstecken. Er muss nur so weit hinter der Deckung aufsteigen, bis das Dachvisier Strix freie Sicht hat. Damit verringert sich die Gefahr der Gegenortung durch den Feind beträchtlich.

Osiris

Osiris blickt nach hinten. (Foto: Sgt Rick Frost US Army)

Das Mastvisier Osiris stammt vom selben Hersteller wie das Sichtsystem Strix. Osiris ist nach einer ägyptischen Gottheit benannt und kommt ausschließlich beim deutschen Tiger UHT zum Einsatz.[114] Es ist dem Sichtsystem Strix sehr ähnlich, besitzt aber einen größeren Sichtbereich.

Osiris hat ein Gewicht von etwa 125 kg. Es ist beim Tiger UHT direkt über dem Rotorkopf angebracht. Naturgemäß ist dieser Ort heftigsten Erschütterungen ausgesetzt, welche die Qualität des Sensorbildes erheblich beeinträchtigen können. Deshalb war es für die Ingenieure eine große Herausforderung ein solch schweres Gerät vibrationsfrei oberhalb des Rotorkopfes zu platzieren. Damit eine gute Bildqualität erreicht werden kann ist Osiris, genau wie Strix, vollstabilisiert. Weitere wichtige Probleme, die es zu lösen galt, bestanden darin die Versorgung mit Strom, Druckluft und Wasser sicherzustellen. Letztere benötigt man um die Optiken beim Auftreten von Verschmutzungen während des Fluges säubern zu können.

Die Versorgungsleitungen verlaufen durch die hohle Rotornabe.

Osiris ist ein Multifunktionsgerät. Es beherbergt eine zoombare Fernsehkamera,[115] ein Nachtsichtgerät auf Wärmebildbasis und einen Laserentfernungsmesser. Mit Hilfe der Optik von Osiris ist es möglich die Panzerabwehrlenkwaffe HOT ins Ziel zu steuern. Dazu wurde in Osiris ein Infrarotgoniometer[116] integriert.

Die Fernsehkamera soll unter optimalen Bedingungen, d.h. am Tage und bei sehr guter Sicht, eine Reichweite von etwa 55 km haben. Die Auflösung der Optiken soll dabei so gut sein, dass es möglich ist aus 15 km Entfernung die Uhrzeit von einer Kirchturmuhr abzulesen.

Das Nachtsichtgerät kann Ziele bis zu einer Distanz von 18 km orten.

Mit Hilfe von Osiris ist es möglich Ziele in einer Entfernung von mehr 18 km zu erkennen. Mit anderen Worten, der Bordschütze sieht, dass „dort etwas ist“.

Eine Zielaufklärung ist bis zu einer Distanz von 8.000 m möglich. Der Bordschütze kann nun erkennen ob das anvisierte Ziel ein LKW, ein Panzer oder ein Schützenpanzer ist.

Eine Zielidentifikation ist bis zu einer Entfernung von 5.000 m möglich. Der Bordschütze kann auf diese Distanz den Typ des anvisierten Fahrzeugs erkennen und somit

Osiris des PT3-Prototyps. (Foto: Normann)

unterscheiden, ob das Ziel ein Freund oder ein Feind ist.

Dabei übernimmt Osiris automatisch die Verfolgung von bis zu vier vom Bordschützen ausgewählten Zielen, die sich im Sichtbereich der Optik befinden.[117]

Mit Hilfe von Osiris zielt der Bordschütze / Kommandant und setzt die Lenkwaffen ein.

Die Panzerabwehrlenkwaffe HOT ist bis zu ihrer maximalen Reichweite von 4.300 m einsetzbar. Die moderne Rakete PARS 3LR kann mit Hilfe von Osiris Ziele bis zu einer Distanz von 7.000 m vernichten.

Dank des Osiris-Systems ist es möglich innerhalb von acht Sekunden vier PARS 3LR auf vier verschiedene Ziele abzufeuern. Das ist ein hervorragender Wert und übertrumpft die Feuergeschwindigkeit eines AH-64 Apache bei weitem.

Der Sichtkopf des Systems Osiris kann um 360° gedreht werden. Deshalb ist Osiris in der Lage eine Rundumsicht auf dem Gefechtsfeld zu gewährleisten. Der Tiger UHT hat Dank des Osiris-Systems den größten Sichtbereich aller momentan im Einsatz befindlichen Kampfhubschrauber weltweit.

Osiris wird ausschließlich vom Bordschützen / Kommandanten bedient. Das von Osiris stammende Bild kann auf einer Multifunktionsanzeige dargestellt oder auf die Helmvisiere der Besatzung projiziert werden.

Durch die Montage von Osiris oberhalb des Rotorkopfes ist der Tiger UHT in der Lage sich fast vollständig hinter Sichthindernissen zu verbergen, während er das Gefechtsfeld beobachtet. Er verringert auf diesem Wege die Gefahr sich einer Gegenortung durch den Feind auszusetzen. Das erhöht die Überlebensfähigkeit im modernen Gefecht enorm, weil nur der kleine Sensorkopf exponiert wird und sich der Rest des Hubschraubers feindlichem Gegenfeuer weitestgehend entzieht.

Der hohe Aufbau von Osiris hat aber auch einen Nachteil. Osiris bewirkt einen größeren Luftwiderstand als Strix, so dass die Flugleistungen des Tigers UHT hinter denen der anderen Tiger-Versionen zurückbleiben.

Radarwarngerät

Um auf einem modernen Gefechtsfeld überleben zu können ist es für die Besatzung eines Kampfhubschraubers notwendig zu erkennen ob und wann ihr Hubschrauber von feindlichen Radargeräten entdeckt oder aufgefasst wurde.

Dies in Erfahrung zu bringen ist die Aufgabe des Radarwarnsystems. Im Kampfhubschrauber Tiger besitzt das Radarwarnsystem vier Antennen. Diese sind paarweise an Bug und Heck des Helikopters angebracht und überwachen jeweils 90° des Umfeldes.

Wird der Hubschrauber von Radarstrahlen erfasst senden die Sensoren ein Signal an das TWE[118] genannte Bedrohungswarnsystem. In der Datenverarbeitungseinheit des TWE wird das eingehende Signal analysiert und einer Bedrohungsklasse zugeordnet.

So kann erkannt werden ob das eingehende Radarsignal von einem Flugzeug oder einer bodengebundenen Radarstation stammt. Es kann unterschieden werden ob es ein Überwachungs- oder Zielsuchradar ist. Es kann sogar erkannt werden ob es sich beim Aussender des Radarsignals um ein Jagdflugzeug, ein Fla-Raketensystem oder eine radargesteuerte Flak handelt.

Diese Information wird den Piloten sowohl akustisch, als auch bildlich dargestellt.

Das TWE ist in der Lage auf die Radarerfassung automatisch mit der Einleitung von Gegenmaßnahmen zu reagieren. Diese bestehen im Ausstoßen von Düppelstreifen durch die unter dem Heckausleger befindlichen Störkörperwerfer. Sollten keine Düppelstreifen in den Störkörperwerfern vorhanden sein, muss der Pilot versuchen die Radarerfassung durch Flugmanöver zu unterbinden.

Raketenwarnsystem

Das Raketenwarnsystem MILDS[119] AN/AAR-60 hat die Aufgabe die Besatzung vor anfliegenden Raketen zu warnen. Dazu besitzt es vier kreisrunde Sensoren, die beidseits von Bug und Heck platziert sind. Die Sensoren arbeiten im ultravioletten Bereich. Sie sind in der Lage der Startblitz einer Rakete, sowie die Abgasstrahlen fliegender Raketen zu er-

Zur Erkennung anfliegender Raketen besitzt der Tiger kreisrunde Sensoren, die das Umfeld nach Veränderungen im UV-Bereich absuchen. (Foto: Bundeswehr/Vennemann)

Zur Abwehr tragbarer Fla-Raketen setzt dieser Tiger ARH Störkörper ein. (Foto: Australian Army)

fassen. Sie entdecken auch die von Raketen erzeugte Störung im natürlichen UV-Licht des Himmels.

Jeder Sensor deckt ein Gebiet von 90° ab, so dass eine Rundumabdeckung in der horizontalen Ebene gesichert ist. In der vertikalen Ebene beträgt die Abdeckung +/- 47,5°.

Das Raketenwarnsystem ist in der Lage bis zu acht anfliegende Raketen gleichzeitig zu erkennen und zu beobachten. Das System ist mit dem Bedrohungswarnsystem TWE verbunden. Es kann aber auch ohne die Datenverarbeitungseinheit des TWE zu nutzen Warnungen abgeben und Gegenmaßnahmen einleiten.

Der Sensor des Laserwarnsystems ist an den Enden der Stummelflügel angebracht. Jeder Sensor deckt einen Bereich von 180° in der Horizontalen ab. (Foto: Airbus)

Laserwarnsystem

Die beiden Sensoren der Laserwarnanlage des Kampfhubschraubers Tiger sind an den äußeren Enden der Stummelflügel angebracht. Es sind prismenförmige Sensoren, die entfernt an die Blinklichter eines Autos erinnern.

Jeder Sensor deckt einen Bereich von 180° in der horizontalen Ebene ab, so dass eine Rundumabdeckung gegeben ist. Die Laserwarnanlage ist mit dem Bedrohungswarnsystem TWE verbunden.

Die Aufgabe des Laserwarnsystems besteht darin die Besatzung vor der Beleuchtung durch Laser zu warnen. Dabei wird zwischen einer einmaligen Beleuchtung und einer Dauerbeleuchtung unterschieden. Eine einmalige Beleuchtung deutet auf den Einsatz eines Laserentfernungsmessers hin. Sie wird der Besatzung durch ein einmaliges Signal bekanntgegeben. Eine Dauerbeleuchtung bedeutet in der Regel, dass eine lasergelenkte Rakete auf den Hubschrauber abgefeuert wurde. Diese Bedrohung wird mit einem Dauerton dargestellt.

Da lasergelenkte Raketen relativ langsam fliegen hat die Besatzung nun die Möglichkeit die Laserbeleuchtung durch heftige Flugmanöver zu brechen, um so der anfliegenden Rakete zu entgehen.

Störkörperwerfer

Zur Abwehr anfliegender Raketen ist der Kampfhubschrauber Tiger mit Störkörperwerfern des Typs Saphir-M ausgestattet. Saphir-M besteht aus zehn einzelnen Werferkassetten.

Die Werferkassetten sind aerodynamisch verkleidet und befinden sich unterhalb des Heckauslegers. Fünf Kassetten werfen ihre Störkörper nach rechts aus, die anderen fünf Kassetten feuern ihre Störkörper in die linke Richtung.

Die Magazine der Kassetten können sowohl mit Düppel, als auch Infrarotködern bestückt werden. Düppel kommen bei der Abwehr radargelenkter Waffen zum Einsatz. Infrarotköder sollen wärmesuchende Raketen von ihrem Ziel abbringen.

Die Magazine von Saphir-M können mit unterschiedlich großen Täuschkörpern ausgestattet werden. Es gibt Störkörper im Kaliber 19 mm und solche im Kaliber 25 mm. Jedes Magazin kann entweder 32 Köder des Kalibers 25 mm oder 72 Köder des Kalibers 19 mm mitführen.

Störkörperwerfer am Tiger UHT. (Foto: ILA-boy)

Kassette des Störkörperwerfers Saphir-M am Tiger UHT. (Foto: Boevaya Mashina)

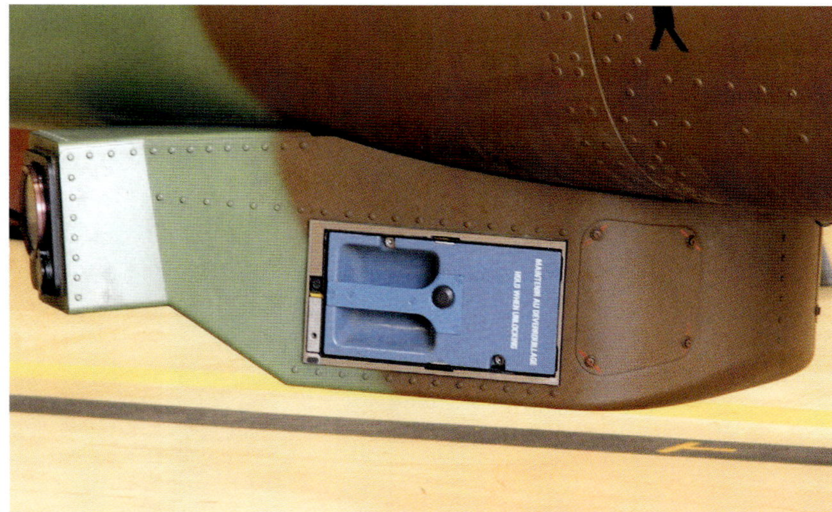

Störkörperwerfer am Tigre HAP. (Foto: Sammlung Normann)

Die Infrarotköder wurden so optimiert, dass sie vor allem gegen tragbare Fla-Raketen (Manpads) wirksam sind.

Saphir-M ist mit dem Bedrohungswarnsystem TWE verbunden und wird durch dieses gesteuert.

Der Auswurf der Störkörper kann automatisch durch das TWE erfolgen. Die Besatzung ist aber auch in der Lage den Täuschkörpereinsatz bei Bedarf manuell auszulösen.

Die Störkörper können dabei einzeln, einzeln in Intervallen oder in unterschiedlich großen Salven abgefeuert werden. Der Einsatz einzelner Störkörper soll die Erfassung des Hubschraubers durch Raketen erschweren. Mit dem Einsatz von Salven soll die Zielerfassung anfliegender Raketen unterbrochen werden.

Tigre HAP beim Störkörperwurf. (Foto: MBDA Peter Gillis)

Waffensysteme

Tiger ARH im Feuerkampf bei der Unterstützung von Bodentruppen.
(Foto: Sgt John Waddell, Commonwealth of Australia MoD)

Die Bordkanone des Tigers ist direkt unterhalb der Bugnase eingebaut. (Foto: Airbus)

Bordwaffen

Bordkanone GIAT 30M 781

Die französischen Kampfhubschraubervarianten Tigre HAP, Tigre HAD, der spanische Tigre HAD-E und der australische Tiger ARH sind mit einer in einem Drehturm untergebrachten Bordkanone ausgestattet. Zum Einsatz kommt die 30 mm Kanone GIAT 30M 781.[120] Die Kanone ist Teil der Waffenfamilie GIAT 30M, mit der die französischen Waffenschmieden einen Ersatz für die bis dato verwendeten DEFA Bordkanonen schaffen wollten. Ziel der Entwicklung war es die Waffen zuverlässiger zu machen und sie zu standardisieren. Sie sollten sowohl bei Flugzeugen, als auch bei Hubschraubern und Schiffen zum Einsatz kommen.

Ein Techniker wartet die Bordkanone eines Tiger ARH (Foto: Cpl Max Bree Commonwealth of Australia MoD)

Die GIAT 30M 781 ist die Variante, die für Hubschrauber vorgesehen ist. Sie ist nur 1,87 m lang und wird im Drehturm THL30 eingebaut.[121]

Die Waffe ist eine luftgekühlte Revolverkanone. Die Revolvertrommel wird elektrisch angetrieben. Das erhöht die Betriebssicherheit im Gegensatz zur DEFA, die ein Gasdrucklader war.[122] Weil ein Elektromotor benötigt wird ist die GIAT 30M 781 mit 65 kg vergleichsweise schwer.

Die Kadenz der Waffe ist theoretisch regelbar. Praktisch ist sie auf 720 Schuss pro Minute eingestellt.[123] Die 30M 781 verwendet die gleiche Munition wie die DEFA Kanonen. Es kommen Granatpatronen des Kalibers 30x113 mm zum Einsatz.[124] Die Patronen werden elektrisch gezündet. Zur Verfügung stehen panzerbrechende und Sprenggranaten. Die Mündungsgeschwindigkeit der Geschosse beträgt 810 m/s.

Die Munitionszuführung erfolgt über einen Zerfallgurt. Im Kampfhubschrauber Tiger steht ein Kampfsatz von 450 Schuss zur Verfügung. Das Magazin ist im Rumpf unterhalb des rechten Stummelflügels untergebracht. Es ist durch eine große, geteilte, nach oben öffnende Klappe gut zu erreichen. Im Magazin sind vier Magazinbehälter vorhanden. Jeder Behälter kann 90 Schuss aufnehmen. Der Zerfallgurt wird über eine Zuführung rechts am Cockpit vorbeigeführt und in die Rumpfnase geleitet. Hier erfolgt die Zuführung in den Drehturm.

Die Kanone GIAT 30M 781 ist im Drehturm THL30 eingebaut.[125] Der Drehtum hat ein Gewicht von 212 kg. Sein Schwenkbereich beträgt + 28° / – 25° in der vertikalen und + / – 90 ° in der horizontalen Ebene. Die Waffenaufhängung ist vollstabilisiert, d. h. die Kanone zeigt auch bei Erschütterungen stets in auf ihr Ziel. Das Stabilisierungssystem ist vom französischen Kampfpanzer Leclerc inspiriert. Die Waffe kann sowohl vom Piloten, als auch vom Bordschützen mit Hilfe eines Helmvisiers aufs Ziel gerichtet werden.

Die Kanone ist leistungsstark und recht präzise. Bei einer Kampfdistanz von 1.000 m trifft ein Geschoss einen Zielkreis von 5 m Durchmesser mit 90 % Sicherheit. Das ist ausreichend um einen LKW zu treffen. Weiche Ziele können, wegen der Splitterwirkung der Geschosse, innerhalb dieses Zielkreises vernichtet werden, selbst wenn sie nicht direkt von den Granaten getroffen werden. Bei einer Kampfdistanz von 1.500 m sinkt die Trefferwahrscheinlichkeit auf 60 %. Die maximale Reichweite der Waffe wird mit 2.000 m angegeben.

Geschossen wird in der Regel mit Einzelfeuer oder in kurzen Feuerstößen. Es ist auch möglich, lange Feuerstöße oder Dauerfeuer zu schießen. Dabei geht aber die Zielgenauigkeit der Waffe beträchtlich zurück. Der Grund hierfür liegt im vergleichsweise starken Rückstoß der Maschinenkanone.

Bei der Feuerführung entlang der Längsachse des Hubschraubers kann der Rückstoß mehr oder weniger problemlos abgefangen werden. Bei einem so kleinen und leichten Hubschrauber wie dem Tiger wird der Rückstoß allerdings dann zu einem Problem, wenn ein Ziel abseits der Flugrichtung auftaucht und zur Seite geschossen werden muss. Weil sich die Bordkanone unter dem Bug des Hubschraubers befindet ist sie weit vom Masseschwerpunkt des Helikopters entfernt. Der Rückstoß jedes einzelnen Schusses schiebt deshalb die Helikopternase aus der Flugbahn. Diesem Effekt muss der Pilot durch aktives Gegensteuern entgegenwirken.

Während des Afghanistaneinsatzes stellte man überdies fest, dass das Schießen zur Seite die Struktur des Rumpfbugs über Gebühr strapazierte. Es traten Ermüdungsrisse auf. Da sich diese Risse wegen der verwendeten Baumaterialien nicht so leicht reparieren ließen, wurde die Feuerführung nur noch in einem Schwenkbereich von +/- 5° erlaubt. Die Piloten waren deshalb gezwungen das Ziel grob mit dem ganzen Hubschrauber anzuvisieren und nur noch die Feinvisierung mit der Bordkanone vorzunehmen. Dank der hohen Beweglichkeit des Tigers[126] stellte dieses Vorgehen aber einen akzeptablen Kompromiss dar.

Bei den Einsätzen in Afghanistan, Mali und Libyen zeigte sich die Bordkanone von ihrer starken Seite. Sie war ausreichend um weiche und schwach gepanzerte Ziele zu bekämpfen. Gegen Kampfpanzer konnte sie jedoch kaum erfolgreich eingesetzt werden. Lediglich Treffer an den Optiken der Panzer konnten dazu führen, dass diese nicht mehr verwendbar waren und für das Gefecht ausfielen.

MG-Behälter 12,7 mm FN HMP 400

Der deutsche Tiger UHT wurde im Laufe seiner Entwicklung befähigt MG-Behälter an den inneren Pylonen mitführen zu können. In einem aerodynamisch geformten Behälter sind das belgische MG FN M3P, sowie 400 Schuss Munition untergebracht.

Das M3P ist eine Waffe im Kaliber 12,7 mm. Es ist quasi ein NATO-Standard-MG und basiert auf dem amerikanischen M2 Maschinengewehr aus dem 2. Weltkrieg.

Die Waffe wurde im Laufe der Zeit immer weiter vervollkommnet. Das MG gilt als zuverlässig und leistungsstark. Varianten dieser Waffe werden in der Bundeswehr auch als Maschinengewehr für die als Doorgunner bezeichneten Bordschützen von Transporthubschraubern eingesetzt.

Für den Einsatz im MG-Behälter ist das Maschinengewehr FN M3P mit einer elektrischen Abfeuerung ausgerüstet. Die Waffe selbst ist im hinteren Teil des Behälters unterge-

Montage eines MG-Behälters. (Foto: Bundeswehr, Mandt)

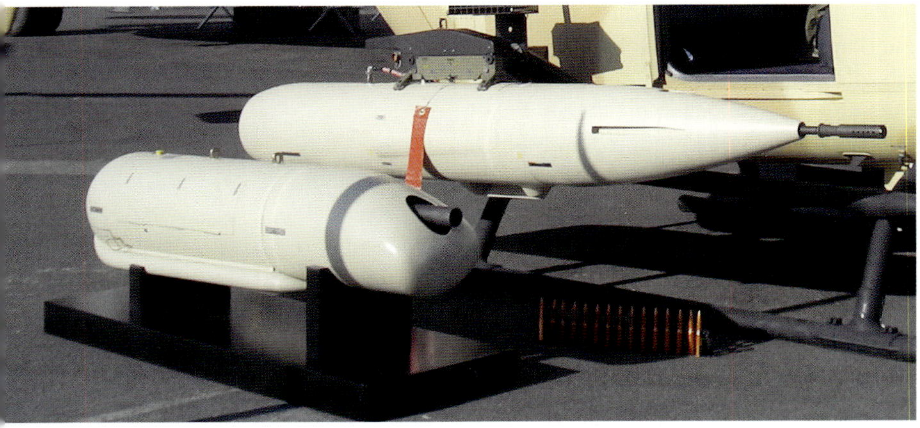

MG-Behälter FN HMP 400 und 20 mm-Kanonenbehälter NC621 plus Munition. (Foto: Normann)

Munitionskasten für FN HMP 400. (Foto: ILA-boy)

bracht. Nur der Lauf schaut ein kurzes Stück vorn aus dem Container heraus. Im vorderen Teil des Behälters befindet sich die Munition. Der Kampfsatz beträgt 400 Schuss. Verwendet werden Patronen des Kalibers 12,7x99 mm. Die Patronen befinden sich in einem Zerfallgurt. Sie werden dem MG von der linken Seite zugeführt.

Der beim deutschen Tiger UHT verwendete MG-Behälter gehört zur Version FN HMP 400 LCC. Im Unterschied zu anderen Varianten des Behälters hat der LCC eine Panzerschutzschicht, die die Waffe und die Munition vor dem Beschuss aus leichten Infanteriewaffen schützen soll.

Tiger Bewaffnungsoptionen. Zwei NC621 liegen direkt neben dem Hubschrauber. (Foto: Eurocopter)

Mit dem MG-Behälter FN HMP 400 können weiche Ziele bis zu einer Distanz von 1.000 bekämpft werden. Theoretisch sind auch größere Gefechtsentfernungen möglich.

Ein Problem beim FN HMP 400 besteht darin, dass er nur an den inneren Aufhängepunkten der Stummelflügel transportiert werden kann. Diese sind ein gutes Stück von der Mittellinie des Hubschraubers entfernt. Die Sichtachse des Piloten und die Schusslinie des MG-Behälters liegen deshalb ziemlich weit auseinander.[127] Ein genaues Schießen wird durch diesen Umstand erschwert.

Deutsche Tiger UHT haben den MG-Behälter bei ihren Einsatzflügen in Afghanistan und in Mali routinemäßig mitgeführt. Die Bundeswehrführung bemerkte stolz, dass es weder in Afghanistan noch in Mali nötig gewesen sei die MGs im scharfen Schuss einzusetzen. Sie wurden nur zu Übungszwecken abgefeuert.

Kanonenbehälter NC621

Französische Tigre sind in der Lage, an den inneren Pylonen Kanonenbehälter des Typs NC621 mitzuführen. Der NC621 ist ein stromlinienförmiger Behälter, der die Revolverkanone M621 beherbergt. Die M621 ist mit der 30M 781 verwandt. Sie stammt vom selber Hersteller[128]. Im Gegensatz zur 30M 781 ist die M621 aber ein Gasdrucklader. Das heißt, die zum Nachladen benötigte Energie wird nicht durch einen Elektromotor, sondern durch den Gasdruck der abgefeuerten Patronen generiert. Das hat den Vorteil, dass die Waffe leichter gebaut werden kann. Der Nachteil besteht darin, dass es bei Gasdruckladern stets zur Ladehemmung kommt, wenn eine Patrone einen Zündversager hat. Bei Gasdruckladern kann es auch zur Ladehemmung kommen, wenn die zum Nachladen wichtigen Gaskanäle durch Pulverrückstände zugesetzt sind.

Die Waffe hat ein Kaliber von 20 mm. Sie ist 220,7 cm lang und wiegt 45,5 kg. Eingerichtet ist sie für die Granatpatrone des Kalibers 20x102 mm. Die Mündungsgeschwindigkeit der Geschosse variiert je nach Munitionsart zwischen 985 und 1005 Meter pro Sekunde. Die Kadenz der Waffe beträgt 800 Schuss pro Minute. Geschossen wird in der Regel im Einzelfeuer oder in kurzen Feuerstößen. Lange Feuerstöße oder Dauerfeuer sind ebenfalls möglich.

Im Kanonenbehälter NC621 sind neben der Kanone M621 auch noch die Komponenten zur elektrischen Versorgung der Waffe und der Kampfsatz von 180 Schuss untergebracht. Die Munition befindet sich hinter der Bordkanone und wird mit Hilfe eines Zerfallgurts zugeführt.

Der NC621 kann nur an den inneren Pylonen mitgeführt werden.[129]

In der Regel gehören zur Kampfbeladung eines Tigre zwei Kanonenbehälter. Theoretisch kann auch eine asymmetrische Beladung mit nur einem Behälter verwendet werden. Dann besteht aber das Problem, dass durch den einseitig auftretenden Rückstoß das Feuer ungenau wird, weil der Hubschrauber wegen des Rückstoßes aus seiner Flugbahn gedrückt wird.

Die Kanone M621 des Behälters NC621 kann Ziele bis zu einer Distanz von 1.000 Meter präzise bekämpfen. Die maximale Kampfdistanz beträgt 2.000 Meter.

Französische Tigre HAP haben Kanonenbehälter NC621 während des Libyenkrieges 2011 erfolgreich eingesetzt.

Lenkwaffen

Mistral

Mistral ist eine tragbare Fla-Rakete aus französischer Produktion. Der Begriff „tragbar“ gilt aber nur eingeschränkt, weil die Rakete zu schwer ist, um von einem einzelnen Schützen bewegt zu werden. Sie wird stattdessen von einem Team bedient und muss vor dem Einsatz auf einem Dreibein-Stativ montiert werden.

Die Geschichte der Mistral geht auf das Jahr 1974 zurück. Ein Jahr zuvor war, während des Yom-Kippur-Krieges, die sowjetische tragbare Fla-Rakete Strela auf arabischer Seite zum Einsatz gekommen und hatte einige israelische Flug-

Tigre HAP mit Mistral-Raketen bewaffnet. (Foto: Airbus)

zeuge schwer beschädigt oder abgeschossen. Frankreichs Militär plante die Beschaffung einer vergleichbaren Waffe und startete das Projekt SATCP. SATCP stand für „Sol Air a Tres Court Portee", was ins Deutsche übersetzt in etwa „Boden-Luft-Rakete kurzer Reichweite" bedeutet. Auftragnehmer war die Firma Matra. Die Vorentwicklungen dauerten bis 1980. 1983 begann die Auslieferung an die französischen Streitkräfte.

Die Rakete Mistral wird in einem kombinierten Transport- und Startcontainer geliefert. Die Rakete allein wiegt 17 kg[130], hat ein Kaliber von 90 mm und ist 1,80 m lang.

Sie ist in der Lage Flugzeuge zu bekämpfen, die mit einer maximalen Geschwindigkeit von 1.500 km/h unterwegs sind. Ihre maximale Einsatzhöhe beträgt 3.000 m. Die Reichweite wird mit sechs Kilometern angegeben.

Die Rakete Mistral besteht aus einem Raketenkörper an dessen Spitze sich ein Infrarotsuchkopf befindet. Weitere Bestandteile der Rakete sind die Steuerelektronik, die Stellmotoren für die ausklappbaren Steuerflossen, eine chemische Batterie, der Zündmechanismus, sowie der Gefechtskopf. Der Antrieb der Rakete unterteilt sich in ein Marschtriebwerk und ein abwerfbares Ausstoßtriebwerk.

Der Infrarotsuchkopf der Mistral ist unter einer pyramidenförmigen Haube untergebracht. Französische Experten glauben, dass diese ungewöhnliche Formgebung zu einer höheren Marschgeschwindigkeit der Rakete führt und sie im Zielendanflug manövrierfähiger macht.

Tiger UHT Prototyp mit Stinger und MG-Behälter. (Foto: Airbus)

Der Infrarotsuchkopf besteht aus einem mosaikförmigen Indium-Arsenit-Bauteil. Er ist in der Lage Luftziele mit reduzierter Infrarotsignatur zu erkennen. Flugzeuge sollen sowohl beim An-, als auch beim Abflug bis zu einer Distanz von 6 km erfasst werden können. Bei Hubschraubern soll die Auffassentfernung bis zu 4 km betragen. Damit der Infrarotsuchkopf diese Ergebnisse erzielen kann wird er von einer externen Quelle gekühlt. Zu diesem Zweck sind an den Startgeräten der Raketen austauschbare Kühlpatronen angebracht.

Um Scheinziele erkennen zu können ist der Suchkopf der Rakete Mistral mit optischen Filtern versehen. Die vom Sensor gesammelten Signale werden von der Bordelektronik auf Störsignale untersucht. So sollen Täuschkörper abgewehrt werden.

Der Antrieb der Mistral besteht aus zwei Raketenstufen. Die erste Stufe, Ausstoßladung genannt, katapultiert die Rakete aus dem Startcontainer, wobei eine Geschwindigkeit von 40 m/s erreicht wird. In einer Distanz von etwa 15 m vom Startcontainer entfernt wird das Marschtriebwerk gezündet. Es besitzt mehrere Düsen, die der Rakete nicht nur den Vortrieb, sondern auch eine Rotation um die Längsachse verleihen. Die dabei erreichten zehn Umdrehungen pro Sekunde stabilisieren den Flug der Rakete. Der Raketenmotor ist stark genug um die Rakete eine Geschwindigkeit von Mach 2,6 erreichen zu lassen. Ein 4 km entferntes Ziel kann somit in etwa 6 Sekunden erreicht werden, was einem Luftgegner wenig Spielraum für Ausweichmanöver oder die Einleitung von Gegenmaßnahmen lässt.

Während des Fluges wird die Rakete durch kleine Entenflügel gesteuert. Sie befinden sich am Vorderteil der Rakete und klappen nach dem Verlassen des Startcontainers selbständig aus.

Der Gefechtskopf der Rakete kann auf zwei Arten gezündet werden. Zum einen gibt es einen Abstandszünder auf Laserbasis, zum anderen einen Aufschlagzünder. Der Gefechtskopf wiegt 3 kg und beinhaltet kugelförmige Wolframprojektile. Manche Quellen sprechen davon, dass 1.800 Kugeln im Gefechtskopf verbaut sind.

Von der Mistral gibt es bisher drei Modernisierungsstufen. Sie werden als Mistral 1, 2 und 3 bezeichnet.

Die Rakete Mistral kommt bei den französischen und spanischen Kampfhubschraubern Tigre HAP, HAD und HAD-E zum Einsatz. Sie wird mit Doppelstartern an den äußeren Pylonen befestigt. Sie kann sowohl vom Piloten, als auch vom Bordschützen abgefeuert werden.

Zur Bekämpfung von Luftzielen kann der Tiger UHT die Rakete Stinger einsetzen. Sie wird an Doppelstartern mitgeführt. (Foto: KrisfromGermany)

FIM-92 Stinger

Die FIM-92 Stinger ist eine tragbare Fla-Rakete aus US-amerikanischer Produktion. Sie wurde in den 1970er-Jahren als Nachfolgerin der seit 1968 eingesetzten Rakete Redeye[131] entwickelt. 1980 übernahm die US-Army die neue Rakete in den Truppendienst und ließ sie in Großserie fertigen. Seit dieser Zeit bildet die Stinger das Rückgrat der Nahbereichsluftabwehr der US-Truppen.

Mitte der 1980er-Jahre wurde die Stinger einer breiten Öffentlichkeit bekannt, als die USA die gegen die Sowjetarmee kämpfenden afghanischen Aufständischen mit dieser Waffe ausrüsteten und es tatsächlich gelang die sowjetischen Hubschrauberkräfte für eine gewisse Zeit zu paralysieren.

Die Stinger war damals zweifellos ein technologischer Sprung. Sie war, im Gegensatz zur Redeye, eine All-Aspect-Waffe. Konnte mit der Redeye nur ein abfliegendes Luftziel bekämpft werden, so war es mit der Stinger möglich ein im Anflug befindliches Flugzeug oder einen anfliegenden Hubschrauber ins Visier zu nehmen.

Damit dies gelingen konnte musste zunächst ein neuer Suchkopf entwickelt werden. Ein Weg um die Empfindlichkeit des Suchkopfes zu steigern bestand darin ihn mit Hilfe einer externen Kältequelle herunter zu kühlen. Der so erzielte Kontrast im Sucherbild war groß genug, dass die Rakete fortan in der Lage war auch andere Wärmequellen, als die Triebwerksöffnungen eines Flugzeugs oder Hubschraubers, anzupeilen. Der Suchkopf wurde zudem mit optischen Filtern ausgestattet. Sie ermöglichten es Scheinziele vom eigentlichen Ziel zu unterscheiden. Zu diesem Zweck wurde in das Waffensystem Stinger ein Logikchip integriert. Er wertete die Signale des Suchkopfes aus und war darauf programmiert Scheinziele zu erkennen und herauszufiltern.

In der Anfangszeit des Einsatzes der Stinger wirkte dieses System hervorragend.[132] Den Sowjets gelang es allerdings recht schnell Stinger-Raketen zu erbeuten. Mit Hilfe dieser Kriegsbeute war es den sowjetischen Wissenschaftlern möglich wirksame Gegenmaßnahmen[133] zu entwickeln. Die Wirksamkeit der Rakete nahm am Ende des sowjetischen Afghanistanfeldzuges stark ab.[134]

Die Amerikaner waren deshalb gezwungen die Stinger weiterzuentwickeln. So wurde der Suchkopf in der Art modifiziert, dass er nicht mehr nur im Infrarot-Bereich nach Zielen suchte, sondern auch im ultravioletten Spektrum aktiv war. Im UV-Bereich suchte der Suchkopf aber nicht nach einer ultravioletten Strahlungsquelle. Stattdessen fahndete er nach einer durch ein Flugzeug erzeugten Störung in der UV-Strahlung des Himmels. Dieses „Loch" in der UV-Strahlung wurde als Ziel interpretiert und mit dem Infrarotbild abgeglichen. So konnten Scheinziele besser erkannt und ausgefiltert werden.

Die Stinger ist eine etwa 10 kg schwere Rakete, die in einem röhrenförmigen Startcontainer transportiert und gelagert wird. Der Startcontainer beherbergt neben der eigentlichen Rakete noch ein separates Ausstoßtriebwerk.

Bei den Kampfhubschraubern Tiger UHT und Tiger ARH wird der Startcontainer der Stinger an den äußeren Pylonen mitgeführt. Dafür sind Doppelstarter vorhanden, so dass die Hubschrauber mit insgesamt vier Stinger Raketen bewaffnet werden können. Der Einsatz der Stinger gehört zum Aufgabenbereich des Bordschützen / Kommandanten[135]. Er muss das Ziel ins Visier nehmen und der Rakete zuweisen. Die Stinger meldet eine Zielerfassung mit einem charakteristischen Signalton. Betätigt der Bordschütze den Feuerknopf wird zunächst die Ausstoßladung aktiviert. Sie katapultiert die Rakete aus dem Startcontainer und fällt nach dem Ausbrennen der Treibladung zu Boden. Die Rakete entfaltet nach dem Ausstoßen aus dem Startrohr die Steuerflächen und startet in etwa 10 m Entfernung vom Hubschrauber das Marschtriebwerk. Dieses Triebwerk beschleunigt die Rakete in Sekundenbruchteilen bis auf Mach 2,2. Die effektive Reichweite der Stinger liegt bei 4 bis 5 km, eine maximale Flugweite von etwa 10.000 m kann erreicht werden. Die Stinger kann Luftziele in einem Höhenband zwischen 20 m und 3.500 m bekämpfen. Die Trefferwahrscheinlichkeit gegen ungeschützte Luftziele beträgt etwa 80%.

Der Gefechtskopf der Stinger wird wahlweise durch eine Annäherungs- oder einen Aufschlagzünder aktiviert. Er wiegt etwa 3 kg und setzt bei seiner Explosion eine gerichtete Splitterwolke frei.

Für den Fall eines Fehlschusses ist die Stinger mit einem Selbstzerlegemechanismus ausgestattet. Er zerstört die Rakete nach dem Ablauf einer bestimmten Zeitspanne selbständig.

Die Stinger ist seit 1980 im Einsatz. Seither wurde sie vielfach modernisiert und den aktuellen Anforderungen angepasst. Sie ist auch heute noch eine effektive und zuverlässige Waffe.

Ein Kampfhubschrauber Tiger im vorgeschobenen Versorgungspunkt, wo er betankt und neu aufmunitioniert wird. Im Vordergrund des Bildes sind die Transportbehälter der Lenkrakete HOT zu sehen. (Foto: Bundewehr, Vennemann)

HOT

HOT ist eine deutsch-französische Panzerabwehrlenkwaffe der zweiten Generation. Die Abkürzung HOT steht für „*Haut subsonique **O**ptiquement **T**eleguide Tire d'un Tube*". Sinngemäß ins Deutsche übertragen bedeutet das, dass HOT eine „im hohen Unterschallbereich fliegende, optisch und über einen Draht gelenkte, in einem Container verpackte" Rakete ist.

Die Entwicklung der HOT begann 1964 mit ersten Projektstudien, in direkter Konkurrenz zur amerikanischen Panzerabwehrlenkrakete BGM-71 TOW. Die amerikanische Rakete konnte schneller zu Ende entwickelt werden. Sie wurde 1973 in den Truppendienst überführt. Die deutsch-französische HOT benötigte drei Jahre länger um in Serie zu gehen. 1976 wurden die ersten Exemplare gefertigt. Ab 1977 gehörte HOT zum Inventar der deutschen und französischen Streitkräfte. Sie kam sowohl als Bewaffnung gepanzerter Fahrzeuge, als auch als Hubschrauberwaffe zum Einsatz.[136]

Die HOT war eine etwa 23,5 kg schwere Lenkrakete. Sie war 1,27 m lang und hatte einen Durchmesser von 13,6 cm. Zur Stabilisierung des Fluges besaß die Rakete vier kurze Flossen. Ihre Spannweite betrug 31 cm. An den Flossen waren Leuchtemitter angebracht.

Der Antrieb der HOT bestand aus zwei Teilen. Es gab eine Ausstoßladung und ein Marschtriebwerk. Die Ausstoßladung hatte die Aufgabe die Rakete aus ihrem Startbehälter zu katapultieren. Sie brannte nur sehr kurz. Das Marschtriebwerk arbeitete für 17 Sekunden und sorgte für eine relativ hohe Fluggeschwindigkeit von 240 m/s. Beim Abschuss der Waffe wurden beide Triebwerke zeitgleich gezündet.[137]

Nach dem Verlassen des Containers entfalteten sich die Stabilisierungsflossen. Die Flugsteuerung der Rakete erfolgte über eine Schubvektorsteuerung des Haupttriebwerkes.

Die HOT arbeitete nach dem halbautomatischen Lenkverfahren.[138] Das bedeutet, dass der Raketenschütze das Ziel während der gesamten Flugzeit der Rakete im Fadenkreuz behalten musste. Ein im Steuerungsgerät eingebautes Goniometer maß die Abweichung der Raketenflugbahn von der Ziellinie, indem es die Leuchtemitter der Rakete anpeilte und deren Position mit dem Fadenkreuz verglich. Ein Rechner ermittelte die notwendigen Steuerbefehle und gab diese per Lenkdraht an die Rakete weiter.

Die maximale Reichweite der Rakete war somit von der Gesamtlänge des zur Verfügung stehenden Lenkdrahtes abhängig. Bei der HOT waren das 4.000 m. Die minimale Reichweite betrug 75 m.[139]

Der Gefechtskopf der HOT wurde aus einer einfachen Hohlladung gebildet. Seine Durchschlagsleistung betrug

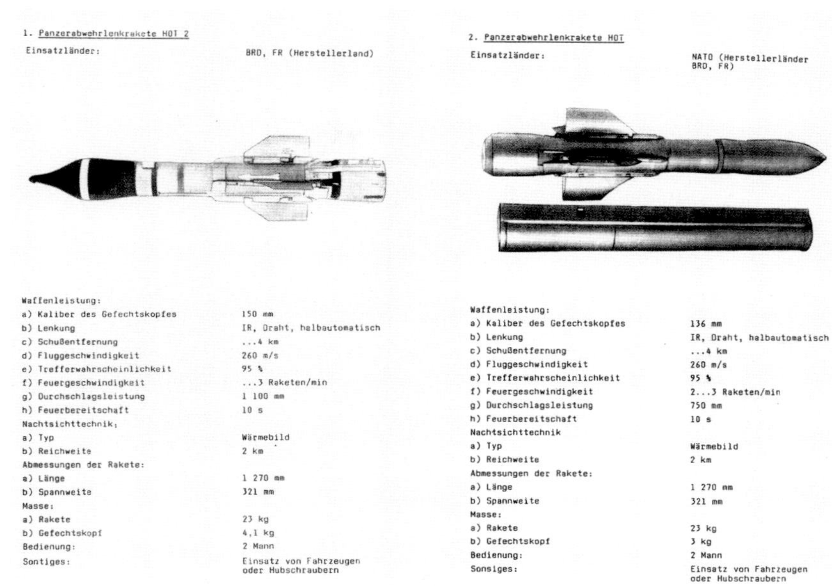

1. Panzerabwehrlenkrakete HOT 2

Einsatzländer:	BRD, FR (Herstellerland)
Waffenleistung:	
a) Kaliber des Gefechtskopfes	150 mm
b) Lenkung	IR, Draht, halbautomatisch
c) Schußentfernung	...4 km
d) Fluggeschwindigkeit	260 m/s
e) Trefferwahrscheinlichkeit	95 %
f) Feuergeschwindigkeit	...3 Raketen/min
g) Durchschlagsleistung	1 100 mm
h) Feuerbereitschaft	10 s
Nachtsichttechnik;	
a) Typ	Wärmebild
b) Reichweite	2 km
Abmessungen der Rakete:	
a) Länge	1 270 mm
b) Spannweite	321 mm
Masse:	
a) Rakete	23 kg
b) Gefechtskopf	4,1 kg
Bedienung:	2 Mann
Sontiges:	Einsatz von Fahrzeugen oder Hubschraubern

2. Panzerabwehrlenkrakete HOT

Einsatzländer:	NATO (Herstellerländer BRD, FR)
Waffenleistung:	
a) Kaliber des Gefechtskopfes	136 mm
b) Lenkung	IR, Draht, halbautomatisch
c) Schußentfernung	...4 km
d) Fluggeschwindigkeit	260 m/s
e) Trefferwahrscheinlichkeit	95 %
f) Feuergeschwindigkeit	2...3 Raketen/min
g) Durchschlagsleistung	750 mm
h) Feuerbereitschaft	10 s
Nachtsichttechnik	
a) Typ	Wärmebild
b) Reichweite	2 km
Abmessungen der Rakete:	
a) Länge	1 270 mm
b) Spannweite	321 mm
Masse:	
a) Rakete	23 kg
b) Gefechtskopf	3 kg
Bedienung:	2 Mann
Sonsiges:	Einsatz von Fahrzeugen oder Hubschraubern

HOT Datenblatt aus NVA DV A 043 1 018 von 1988. (Foto: Sammlung Normann)

800 mm Panzerstahl, was ausreichend war um die Frontpanzerung aller Panzer der 1970er- und frühen 1980er-Jahre zu durchdringen. Das Aufkommen einer modernen Panzergeneration, die mit Mehrschicht- und Zusatzpanzerungen ausgestattet war, veranlasste die Entwickler eine verbesserte Generation der HOT zu bauen.

Die HOT-2 hatte einen größeren Rumpfdurchmesser von 15 cm. Ihr Gefechtskopf durchschlug 900 mm Stahl. Die Variante HOT-3 bekam einen verbesserten Gefechtskopf mit Tandemhohlladung. Sie konnte eine Panzerung von 1.250 mm Panzerstahl überwinden. Ihre Reichweite wurde auf 4.300 m gesteigert.

Die Panzerabwehrlenkwaffe HOT wurde in großer Stückzahl gefertigt und weltweit exportiert.[140] Sie kam in zahlreichen militärischen Konflikten zum Einsatz und bewährte sich als zielsicheres und durchschlagskräftiges Waffensystem.

In der Zwischenzeit gilt auch die modernste Generation der HOT als veraltet.

Die Versionen HOT-2 und HOT-3 waren ursprünglich als Bewaffnung für den französischen Panzerabwehrhubschrauber Tigre HAC und den deutschen Tiger UHT vorgesehen.

Als die Franzosen die Entwicklung des Tigre HAC abbrachen, war die HOT zunächst als Waffe für Mehrzweckkampfhubschrauber Tigre HAD im Gespräch. Die Steuerelektronik ließ sich aber nur schwer in der doch recht beengten Hubschrauberzelle unterbringen. Der Platzbedarf war einfach zu groß. Deshalb verzichteten die Franzosen auf die HOT und setzten wie die Australier auf die amerikanische Panzerabwehrlenkwaffe AGM-114 Hellfire II.

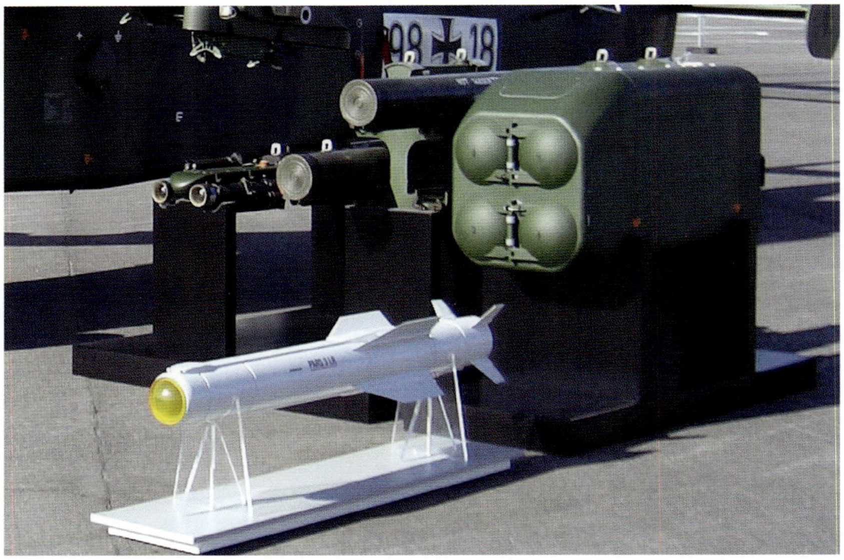

Bewaffnung des deutschen Tigers: PARS 3LR, HOT und Stinger. (Foto: Normann)

Der deutsche Kampfhubschrauber Tiger UHT ist dagegen in der Lage die HOT einzusetzen. Die Rakete wird in Vierfachstartern an den inneren Pylonen mitgeführt. Obwohl die HOT in der Zwischenzeit veraltet ist wird sie, solange noch Raketen in den Arsenalen vorhanden sind, vom Tiger UHT eingesetzt und aus Trainingsgründen verschossen. Sie soll von der Bundeswehr bis 2027 ausgemustert werden.

PARS 3 LR alias Trigat LR

PARS 3 LR ist eine Panzerabwehrlenkwaffe der dritten Generation. Ihre Entwicklung begann in den späten 1980er-Jahren als deutsch-französisch-britisches Gemeinschaftsprojekt unter der Bezeichnung Trigat. 1988 wurde ein entsprechender Vertrag zwischen allen drei Staaten geschlossen. Die Briten stiegen im Jahr 2000 aus dem Projekt aus, nachdem sie sich für die Beschaffung des amerikanischen Kampfhubschraubers AH-64 Apache entschieden hatten.

Trigat wurde deshalb als deutsch-französisches Projekt weitergeführt. Als sich Frankreich durchrang den Tigre HAD allein mit amerikanischen Hellfire II Raketen zu bestücken, traten auch die Franzosen vom Projekt Trigat zurück. Das war 2004.

Von deutscher Seite wurde dieser Entschluss als unfreundlicher Akt gewertet. Da die Trigat als Hauptbewaffnung des Tigers UHT vorgesehen war, sah sich Deutschland gezwungen die Waffe wohl oder übel allein zu Ende zu entwickeln. Die Rakete wurde in PARS 3 LR umgetauft. Das Kürzel PARS 3 LR stand für „Panzerabwehrraketensystem der dritten Generation mit langer Reichweite".

Die Entwicklung konnte im Jahr 2005 abgeschlossen werden. Die Serienreife wurde im selben Jahr erreicht. Die Truppenerprobung zog sich bis ins Jahr 2011.

PARS 3 LR ist eine Panzerabwehrlenkwaffe der neuesten Generation. Sie ist 1,60 m lang, hat einen Durchmesser von 15,9 cm und ein Gewicht von 49 kg. Die Spannweite der Stabilisierungsflossen beträgt 37 cm.

Die PARS 3 LR wird beim Kampfhubschrauber Tiger in einem Startbehälter aufbewahrt. Pro Startbehälter können vier Raketen mitgeführt werden. PARS 3LR hat zusätzlich zur eigentlichen Rakete noch eine Ausstoßladung. Diese schleudert die Rakete aus dem Startbehälter bevor das Raketentriebwerk in sicherer Entfernung zum Helikopter gezündet wird.[141] Nach dem Start der Rakete und dem Ausbrennen der Ausstoßladung, beschleunigt das Marschtriebwerk die Rakete auf 290 m/s. Das heißt, die Rakete fliegt im hohen Unterschallbereich.

Die Flugsteuerung erfolgt autonom. Der Bordschütze muss das Ziel vor dem Start der Rakete nur anvisieren, aufschalten und die Rakete starten. Alles andere unternimmt PARS 3 LR vollautomatisch.

Die Zielauffassung und -begleitung wird durch einen Infrarotzielsuchkopf gewährleistet. Der Suchkopf ist bildverarbeitend und kann deshalb Panzer, Fahrzeuge oder Hubschrauber von Täuschkörpern oder Bränden unterscheiden. Zur besseren Zielerkennung wird der Suchkopf gekühlt. Das dafür zuständige System heißt HIPPAG 320.[142]

Hinter dem Zielsuchkopf befindet sich das Gefechtsteil der Rakete. Es ist eine Tandemhohlladung mit einem Gewicht von 9 kg. Die Durchschlagsleistung der PARS 3 LR ist geheim, dürfte aber im Bereich von 1.500 mm Panzerstahl liegen.

Die Waffe kann in zwei Flugmodi eingesetzt werden. Zum einen gibt es das Direktanflugverfahren. Dabei zielt der Suchkopf auf die Frontfläche des Ziels. Die Elektronik der Rakete steuert die Waffe mit Hilfe der Steuerflossen punktgenau ins Ziel. Dieser Flugmodus wird zur Bekämpfung von ungepanzerten oder leichtgepanzerten Zielen, sowie gegen Hubschrauber eingesetzt. Natürlich können auch moderne Kampfpanzer im Direktanflug bekämpft werden. Diese haben jedoch heutzutage im Frontbereich mehrschichtige Schutzpanzerungen, die einiges aushalten können. Zudem verfügen sie zum Teil über aktive Schutzsysteme, die anfliegende Raketen zerstören können. Deshalb ist es besser bei der Panzerbekämpfung auf einen anderen Flugmodus als den Direktanflug zu setzen.

Bei diesem zweiten Flugmodus wird die Rakete auf einen Flugweg oberhalb der ursprünglichen Ziellinie gesteuert. Der Suchkopf behält dabei das Ziel im Visier. Die Rakete steuert bei diesem Verfahren das Dach des Ziels an. Dieses Verfahren wird vor allem zur Bekämpfung starkgepanzerter Ziele verwendet.[143]

Sollte der Fall eintreten, dass der Infrarotsuchkopf der Rakete durch Störmaßnahmen des Gegners oder andere Umstände sein Ziel verliert, sucht sich die Waffe selbständig ein neues Ziel, schaltet sich auf dieses auf und greift es an.

PARS 3 LR ist die Hauptwaffe des Kampfhubschraubers Tiger UHT. Sie wird in Vierfachstartbehältern an den inneren Pylonen mitgeführt. Für gewöhnlich trägt ein Tiger UHT nur einen dieser Vierfachstartbehälter im Einsatz, während der andere Innenpylon mit einem Treibstoffzusatztank oder einem MG-Behälter bestückt ist. Es ist aber auch möglich zwei Vierfachstartbehälter mitzuführen.[144]

Der Tiger UHT ist in der Lage PARS 3 LR in Vierersalven zu verschießen. Dazu muss der Bordschütze / Kommandant die Ziele markieren und den Raketen zuweisen.[145] Dank des Mastvisiers Osiris kann der Tiger UHT dabei in Deckung bleiben. Wenn der Zeitpunkt des Waffeneinsatzes gekommen ist führt der Tiger einen Kampfsprung aus, steigt aus seiner Deckung hervor und feuert die Raketen ab. Der Abschuss einer Rakete dauert etwa zwei Sekunden. Das heißt, dass eine Vierersalve in acht Sekunden abgefeuert werden kann.[146]

Nach dem Start der letzten Rakete kann der Kampfhubschrauber wieder in Deckung gehen und die Stellung wechseln.[147]

Das Waffensystem PARS 3 LR stand einige Zeit in der Kritik des Bundesrechnungshofes.[148] Die Stückkosten pro Rakete lagen bei gut einer halben Millionen Euro.[149] Wenn man die Entwicklungskosten mit einrechnete lag der Betrag bei etwa 1,3 Mio. Euro pro Schuss.

Die Rakete PARS 3 LR hat aber, nach einigen Anfangsproblemen, bei Testschüssen ihren Wert bewiesen. Sie konnte auf große Distanz sowohl stehende, als auch fahrende Panzerziele vernichten, darunter auch solche die durch Nebelwände oder den Ausstoß von Täuschkörpern geschützt waren. Es wurden auch Ziele getroffen die sich in der Nähe von Bränden bzw. anderen Scheinzielen aufhielten.

AGM-114 Hellfire II

Die AGM-114 Hellfire II ist eine überschallschnelle Panzerabwehrlenkwaffe der zweiten Generation. Sie wurde in den USA als Bewaffnung für Kampfhubschrauber entwickelt. Die Waffe wiegt je nach Version etwa 45 bis 49 kg[150], ist 1,63 m lang, hat ein Kaliber von 178 mm und eine Spannweite von 330 mm.

Sie wurde ursprünglich als lasergelenkte Waffe konstruiert. Inzwischen gibt es sie aber auch in Versionen, die vom Mastradar einer AH-64D Longbow Apache gesteuert werden können.

Bei den Kampfhubschraubern Tiger ARH und Tigre HAD kommen nur lasergelenkte Hellfire zum Einsatz.

Lasergelenkte Hellfire erkennt man am großen „Auge" an der Raketenspitze. Der Lasersuchkopf sucht nach Reflexionspunkten von Laserstrahlen und orientiert sich an ihnen. Die Laserstrahlen werden von Laserzielbeleuchtern ausgesandt. Die auch als Laserdesignator bezeichneten

FZ-Raketenbehälter für sieben Schuss und Hellfire-Raketen am australischen Tiger ARH (Foto: Airbus)

5. Panzerabwehrlenkrakete AGM 114 "Hellfire"

Einsatzland:	USA (Herstellerland)
Waffenleistung:	
a) Kaliber des Gefechtskopfes	178 mm
b) Lenkung	Laser, halbaktiv
c) Schußentfernung	
- bei Zielbeobachtung von HS	...6 km
- bei vorgeschobenen Zielbeobachtern	...10 km
d) Fluggeschwindigkeit	300 m/s
e) Trefferwahrscheinlichkeit	95 %
f) Feuergeschwindigkeit	6 Raketen/min
g) Durchschlagsleistung	1 090 mm
h) Feuerbereitschaft	5 s
Abmessungen der Rakete:	
a) Länge	1 620 mm
b) Spannweite	350 mm
Masse:	
a) Rakete	43 kg
Bedienung:	

Hellfire Datenblatt aus NVA DV A 043 1 018 von 1988. (Foto: Sammlung Normann)

Zielbeleuchter richten dabei einen permanenten Laserstrahl auf das zu bekämpfende Ziel. Nach dem Start der Rakete orientiert sich der Lasersuchkopf an den Reflexionen und misst die Diskrepanz zwischen der Flugbahn der Rakete und der Ziellinie. Die ermittelten Werte werden von der Elektronik an Bord der Rakete, entsprechend des ausgewählten Flugprofils, in Steuersignale umgesetzt, damit die Waffe ihr Ziel nahezu punktgenau anfliegen kann.

Es gibt bei der Hellfire drei Flugprofile. Zunächst gibt es den Direktanflug, bei der die Rakete den Laserzielpunkt auf dem kürzesten Weg anfliegt. Dann gibt es zwei Flugprofile bei denen sich die Rakete eine Zeitlang auf einem Flugweg oberhalb der Ziellinie bewegt. So kann die Rakete Bodenhindernisse wie z.B. Bäume oder Büsche unbeschadet überfliegen. In der Endphase des Fluges wird die Rakete direkt auf das Ziel gesteuert. Dabei kann auch das Dach eines Kampfpanzers getroffen werden. Die beiden letztgenannten Flugprofile unterscheiden sich nur in der Flughöhe über dem Terrain.

Man kann die Hellfire II auch ohne Laserzielaufschaltung abfeuern. Dann versucht der Suchkopf der Rakete während des Fluges einen Laserpunkt aufzufassen, um ihn anschließend anzusteuern. Auf diese Weise soll es möglich sein die Rakete auch aus verdeckten Stellungen heraus zu starten. Dabei wird die Rakete grob in die Richtung des vermuteten Ziels abgefeuert. Erst kurz bevor die Rakete ihr Ziel erreicht steigt der Hubschrauber aus der Deckung auf und beleuchtet das Ziel mit seinem Laser. So sollen dem zu bekämpfenden Ziel Gegenmaßnahmen[151] erschwert werden.

Damit mehrere Raketen gleichzeitig abgefeuert werden können wird der Laserstrahl codiert. Jede Rakete folgt nur dem Laserstrahl auf dessen Codierung sie eingestellt ist.

Der Vorteil der lasergelenkten Hellfire besteht darin, dass der Laserstrahl nicht unbedingt vom die Rakete startenden Hubschrauber ausgesendet werden muss. Die Laserzielbeleuchtung kann auch von anderen Hubschraubern oder Bodentruppen aus erfolgen. Bei dem Einsatz von „Fremdlasern“ ist es dem die Rakete abfeuernden Hubschrauber möglich direkt nach dem Waffeneinsatz abzudrehen und sich in Sicherheit zu bringen.

Übernimmt der Hubschrauber die Lenkung der Hellfire selbst, muss er über die gesamte Flugzeit der Rakete das Ziel im Visier halten und sich dementsprechend dem feindlichen Gegenfeuer exponieren.

Der Gefechtskopf der Hellfire ist im Laufe der Jahre immer weiter verbessert worden. Kam zunächst eine einfache Hohlladung mit einer Durchschlagsleistung von über 1.000 mm zum Einsatz, so wurde später eine Tandemhohlladung verwendet. Mit einer Tandemhohlladung sollen Reaktivpanzerungen überwunden werden.[152]

Die Reichweite der Hellfire wird mit bis zu 8 km angegeben. Die tote Zone soll 50 m betragen.

Die Waffe kam in verschiedenen militärischen Konflikten zum Einsatz und hat eine hohe Treffgenauigkeit unter Beweis gestellt.

Als Waffe für den Kampfhubschrauber Tiger wurde die Hellfire II zunächst ausschließlich beim australischen Tiger ARH verwendet. Später entschloss sich Frankreich diese Rakete auch beim Tigre HAD einzusetzen. Letzteres geschah aus Kostengründen.

Spike-ER

Spike-ER ist eine israelische Panzerabwehrlenkwaffe, die bei den spanischen Kampfhubschraubern Tigre HAD-E zum Einsatz kommt. Sie ist eine Weiterentwicklung der aus den 80er-Jahren bekannten Panzerabwehrlenkrakete Spike. Der Entwicklungsbeginn der Spike-ER war Ende der 1980er-Jahre. Ab 1997 wurde sie unter der Bezeichnung „Perach Bar“ in den Kampfbestand der israelischen Streitkräfte aufgenommen.

Die Rakete Spike-ER ist eine Panzerabwehrlenkrakete der 3. Generation. Sie kann ihre Ziele nach dem Start vollautomatisch angreifen.[153] In dieser Hinsicht ähnelt sie der deutschen PARS 3 LR.

Zusätzlich hat die Spike-ER jedoch noch die Fähigkeit sich fernlenken zu lassen. Zu diesem Zweck zieht die Rakete ein Glasfaserkabel hinter sich her. Anders als bei der herkömmlichen Drahtlenkung werden nicht nur Steuerbefehle vom Lenkschützen an die Rakete übermittelt, sondern auch die Bilder des Suchkopfs von der Rakete an die Steuereinheit des Lenkschützen übertragen. Der Lenkschütze kann also den Flug der Rakete aus Raketensicht verfolgen. Treten Abweichungen vom angestrebten Flugweg ein, z.B. durch den Einsatz von Störmitteln, kann der Lenkschütze eingreifen und die Rakete manuell ins Ziel lenken.

Weil ein späteres Eingreifen in die Flugsteuerung möglich ist, kann die Panzerabwehrlenkrakete Spike-ER auch ohne direkte Sicht aufs Ziel gestartet werden. So ist es möglich, dass sich der Kampfhubschrauber Tigre HAD-E hinter Sichthindernissen verbirgt und die Rakete, quasi blind, über die Hindernisse hinweg abfeuert. Nachdem die Rakete das Sichthindernis überflogen hat versucht der Lenkschütze mit Hilfe des vom Suchkopf erzeugten und über das Glasfaserkabel übertragenen Fernsehbildes ein Ziel ausfindig zu machen. Hat er ein Ziel erkannt kann er die Zielbekämpfung direkt an die Automatiksteuerung der Rakete übertragen, oder die Waffe selber per Fernlenkung ins Ziel steuern.

Mit Hilfe der Fernsteuerung ist es auch möglich während des Fluges ein zunächst angesteuertes Ziel abzuwählen, d.h. einen Zielwechsel vorzunehmen, um ein neues Ziel anzuvisieren.

Zur Zielbekämpfung trägt die Spike-ER einen Tandem-Hohlladungsgefechtskopf. Er soll nach Überwindung einer Reaktivpanzerung eine etwa 1.000 mm starke Stahlpanzerung durchdringen können.

Die Spike-Er hat eine tote Zone von 400 m. In dieser für eine moderne Panzerabwehrlenkwaffe ungewöhnlich großen Zone kann sie kein Ziel bekämpfen. Die maximale Reichweite der Rakete beträgt etwa 8.000 m.

Spike ER im Vierfachstarter am Tigre HAD. (Foto: Eurocopter)

MG- und Raketenbehälter FZ und 350 Liter-Zusatztank des Tigers UHT. (Foto: Normann)

Ungelenkte Raketen

Ungelenkte Raketen gehören seit jeher zum Arsenal von Kampfhubschraubern. Bereits während des Vietnamkrieges nutzten die amerikanischen AH-1 Cobra ungelenkte Raketen und setzten sie in großer Zahl und mit Erfolg ein. Man kann durchaus davon sprechen, dass die ungelenkte Rakete während des Vietnamkriegs das Hauptwaffensystem des Kampfhubschraubers war.

Ein Grund für den Erfolg der ungelenkten Raketen war die Kombination eines recht einfachen Aufbaus, mit einer ausreichenden Reichweite und einer genügend großen Waffenwirkung im Ziel. Zudem waren ungelenkte Raketen billig und massenhaft verfügbar.

Im Prinzip bestand eine ungelenkte Rakete aus einem Stahlrohr, in dessen hinteren Teil ein Feststoffraketenmotor samt Düse untergebracht war. Der Raketenmotor hatte eine recht kurze Brennzeit von ein bis zwei Sekunden, was ausreichte um die Rakete über eine Gefechtsentfernung von etwa drei bis vier Kilometer zu tragen. Am Ende des Raketenkörpers, kurz vor der Düse, waren aufklappbare Stabilisierungsflossen befestigt. Sie entfalteten sich erst nach dem Abschuss der Rakete und verliehen dem Flugkörper eine stabilisierende Rotationsbewegung um die Längsachse (Drall). Das Vorderteil der Rakete wurde durch den Gefechtskopf inklusive Zünder ausgefüllt. Für die unge-

Tiger UHT schießt mit ungelenkten Raketen. (Foto: Bundeswehr, Kazda)

Stinger und 70 mm Raketen. (Foto ILA-boy)

lenkten Raketen gab es eine Vielzahl unterschiedlicher Gefechtsköpfe. Sie reichte von reinen Splittergefechtsköpfen mit Aufschlagzündung, über Hohlladungsköpfe mit zusätzlichem Splittermantel und piezoelektrischen Zündern, bis zu Radartäuschkörpern und Gefechtsfeldbeleuchtungsmitteln. Die ungelenkten Raketen wurden in der Regel aus mehrrohrigen Startbehältern in Salven verschossen. Dank der hohen Schussfolge der Startbehälter waren sie für die Bekämpfung von ungepanzerten Flächenzielen gut geeignet. Mit entsprechenden Gefechtsköpfen ausgestattet konnten ungelenkte Raketen auch gepanzerte Ziele bekämpfen. Die Wirksamkeit der jeweiligen Raketentypen bei der Panzerbekämpfung hing vom Kaliber der Rakete ab. Dabei galt die Regel: je größer desto stärker.

Seit dieser Zeit sind die ungelenkten Raketen im Detail weiterentwickelt worden. Die Reichweite konnte gesteigert werden und es gab vermehrt Bestrebungen die ungelenkten Raketen zielgenauer zu machen. Dazu wurden die Raketen mit einfachen Lasersuchköpfen und Steuerflossen nachgerüstet.

Der Kampfhubschrauber Tiger kann, wie jeder andere Kampfhubschrauber auch, mit ungelenkten Raketen bewaffnet werden. Australien, Spanien und Deutschland verwenden Raketen im Kaliber 70 mm. Die Franzosen vertrauen auf ihr bewährtes Kaliber 68 mm.

70 mm Rakete FZ

Die ungelenkte Rakete FZ wird im deutschen, im spanischen und im australischen Tiger verwendet. Sie erinnert in ihrem Aufbau an amerikanische ungelenkte Raketen, mit denen sie den generellen Aufbau und das Kaliber von 70 mm, alias 2,75 Zoll teilt.

Die Rakete besteht aus einem Stahlrohr mit integriertem Raketentriebwerk und drei nach dem Start aufklappenden Stabilisierungsflossen. Ihre maximale Reichweite wird mit 7 bis 8 km angegeben.

Die Raketen können mit unterschiedlichen Gefechtsköpfen bestückt werden. Es gibt sie mit Splittersprenggefechtskopf, Multidartgefechtskopf[154], Flechette[155] und Rauchgenerator zur Zielmarkierung.

Verschossen wird sie aus Raketenbehältern mit sieben oder 19 Schuss. Die größeren Raketenbehälter werden an den inneren Pylonen getragen, die kleineren Behälter verwendet man an den äußeren Pylonen.

Anzumerken ist, dass die deutschen Tiger UHT zunächst nicht in der Lage waren, ungelenkte Raketen an den äußeren Pylonen mitzuführen. Diese Fähigkeit ist im Rahmen des Kampfwertsteigerungsprogramms THOR nachgerüstet worden. Die spanischen und australischen Tiger konnten von Anfang an die 7-Schuss-Raketenbehälter an den äußeren Pylonen tragen.

Die modernste Version der Rakete FZ wurde mit einem Lasersuchkopf und Steuerflächen ausgerüstet. So wurde aus einer ungelenkten Rakete eine Lenkwaffe gemacht. Tests der australischen Streitkräfte zeigten eine deutlich verbesserte Zielgenauigkeit.

SNEB 68-Behälter für zwölf und 22 Schuss. (Foto: Airbus)

SNEB 68

Die ungelenkte Rakete SNEB 68 ist die Waffe der Wahl für die französischen Tigre.

Sie wird in Raketenbehältern mit zwölf Schuss an den äußeren und mit 22 Schuss an den inneren Pylonen mitgeführt.

Die ungelenkten Raketen der Raketenfamilie SNEB wurden Anfang der 1950er-Jahre als Waffensystem für Kampfflugzeuge entwickelt. Sie sollte sowohl gegen Luft- als auch gegen Bodenziele zum Einsatz gebracht werden. Je nach Einsatzart wurden unterschiedlich große Raketen entwickelt. So gab es die SNEB in den Kalibern 37 mm, 68 mm und 100 mm. Die gegen Luftziele einzusetzende SNEB 37 verlor allerdings schnell an Bedeutung als gelenkte Luft-Luft-Raketen entwickelt wurden. Für den Einsatz gegen Bodenziele war die SNEB 37 nicht stark genug. Die SNEB 100 hatte eine gute Wirksamkeit gegen Bodenziele, war aber so groß und schwer, dass sie nur in arg begrenzter Stückzahl von einem Flugzeug mitgeführt werden konnte. Als idealer Kompromiss zwischen Größe, Wirksamkeit und mitführbarer Waffenlast erwies sich die SNEB 68.

Die SNEB 68 hatte den klassischen Aufbau einer ungelenkten Rakete. Sie bestand primär aus einem Stahlrohr in dessen hinteren Ende ein Raketenmotor eingeschoben wurde. Je nachdem ob die SNEB 68 von einem Flugzeug oder einem Hubschrauber eingesetzt werden sollte kamen zwei unterschiedliche Raketenmotoren zum Einsatz. Kurz vor der Raketendüse besaß die SNEB 68 acht ausklappbare Stabilisierungsflächen. Sie entfalteten sich nach dem Abschuss der Rakete durch Federdruck und versetzten die Rakete in eine den Flug stabilisierende Rotationsbewegung um die Längsachse.

Eine SNEB 68 der ersten Generation hatte ein Kaliber von 68 mm. Sie war je nach eingesetztem Gefechtskopf 91 oder 92 cm lang und wog zwischen 4,3 und 5,1 kg. Ihre Reichweite betrug 3 bis 4 km. Für die SNEB 68 gab es unterschiedliche Gefechtsköpfe, je nach Art des zu bekämpfenden Ziels.

Mitte der 80er-Jahre wurde die SNEB 68 modernisiert. Die Raketen der zweiten Generation waren 1,38 m lang und wogen etwa 8,2 kg. Sie hatten wirksamere Gefechtsköpfe und eine auf 4 bis 5 km gesteigerte Reichweite.

In den 2000er-Jahren wurde die SNEB nochmals modernisiert und mit noch wirksameren Gefechtsköpfen ausgestattet. Es wurde auch eine lasergelenkte Version abgeleitet. Diese Version besitzt einen Lasersuchkopf und vier zusätzliche Steuerflossen. Sie soll eine Reichweite von 5 km und eine durchschnittliche Abweichung vom Zielpunkt von maximal 1 m haben.

Einsatz in der Truppe

Tiger ARH beim Raketen-schießen im Paar.
(Foto: Australian Army)

Der Weg ins Cockpit

Es gibt zwei Wege, die ins Cockpit eines Kampfhubschraubers Tiger UHT führen. Der erste Weg ist für Hubschrauberpiloten der Bundeswehr gedacht, die von einem anderen Einsatzmuster auf den Tiger umschulen. Der zweite Weg führt quasi direkt von der Schulbank, über mehrere Zwischenstufen hinweg, ins Cockpit des Helikopters.

Wenn sich ein junger Mann oder eine junge Frau dazu entschließt Kampfhubschrauberpilot/-pilotin zu werden, so beginnt sein oder ihr Weg mit einem mehrstufigen Auswahlverfahren. Die Bundeswehr nimmt natürlich nicht jeden Anwärter. Der Anwärter muss beweisen, dass er gesundheitlich, physisch und psychisch in der Lage ist den Beruf eines Luftfahrzeugführers auszuüben. Es wird also ordentlich gesiebt und die Tests sind streng und herausfordernd. Nur die am besten Geeigneten bekommen die Gelegenheit mit der Ausbildung zu beginnen.

Grundvoraussetzung um Hubschrauberpilot bei der Bundeswehr werden zu können sind das Abitur oder ein vergleichbarer Abschluss. Alternativ gibt es auch die Möglichkeit nach einer abgeschlossenen Berufsausbildung in die Bundeswehr einzutreten. Weitere Grundvoraussetzungen sind ein Mindestalter von 17 Jahren, die deutsche Staatsbürgerschaft und die Bereitschaft, sich für eine Dienstzeit von 16 Jahren zu verpflichten. Weiterhin wird vorausgesetzt, dass der zukünftige Hubschrauberpilot bereit ist an Auslandseinsätzen der Bundeswehr teilzunehmen.

Simulator für den EC135 in Bückeburg. (Foto: Bundeswehr, Vierfuß)

Wer diese Grundhürden überwinden kann, beginnt ein dreistufiges Auswahlverfahren. Während dieses Verfahrens kann der Anwärter freiwilligen Wehrdienst leisten und nach Abschluss des Auswahlverfahrens in das Dienstverhältnis eines Zeitsoldaten überwechseln.

Die erste Hürde auf dem Weg zum Tigerpiloten ist das Eignungsfeststellungsverfahren, das in drei Phasen unterteilt ist. In der ersten Phase wird geprüft, ob die Anwärter für den Beruf eines Hubschrauberpiloten geeignet sind. Dabei werden sowohl die soldatische Eignung im Rahmen eines Assessmentcenters, als auch die fliegerische Eignung in Form von Eignungstests abgeklärt.

Auf diejenigen, die die erste Phase erfolgreich bestanden haben, wartet die zweite große Hürde. Die Fliegertauglichkeitsprüfung. Dabei werden eine flugmedizinische und eine flugpsychologische Erstuntersuchung durchgeführt. Nicht jeder Kandidat besteht diese Prüfung.[156]

In der dritten Phase des Eignungseinstellungsverfahrens wird abgeklärt ob der Kandidat oder die Kandidatin ihre Fähigkeiten und Fertigkeiten in einer realitätsnahen Lernprobe unter Beweis stellen können. Dabei wird getestet ob die theoretischen Lerninhalte verstanden wurden und es wird auch geprüft ob die Anwärter in der Lage sind die Theorie in die Praxis umzusetzen. Praxis bedeutet in diesem Fall den Flug im Simulator. Um die dritte Phase zu überstehen müssen sowohl der theoretische, als auch der praktische Teil bestanden werden. Theorie und Praxis sind in etwa gleichwertig.

Haben die Anwärter die Hürde des Einstellungsverfahrens erfolgreich gemeistert steht für sie die militärische Grundausbildung auf dem Plan. Hier sind mehrere Lehrgänge zu absolvieren, unter anderem auch der allseits beliebte Lehrgang zur infanteristischen Kompetenzerweiterung.[157]

Haben die zukünftigen Hubschrauberpiloten auch diese Hürde übersprungen beginnt für sie die fliegerische Grundausbildung. Bei der Bundeswehr nennt man das den *Ausbildungsgang zum Luftfahrzeugführer*.

Hier werden in drei Monaten die Grundlagen der Heeresfliegertruppe vermittelt, dann folgt ein viermonatiger Offiziersanwärterlehrgang. Ein dreiwöchiger Lehrgang befähigt die angehenden Flieger als Übungsleiter tätig zu werden. Ihm schließt sich ein Lehrgang an, in dem die Basic Academics[158] vermittelt werden.

In einem dreitägigen Lehrgang werden die Grundlagen des Fluges von Drehflüglern gelehrt. Anschließend folgt die Hubschraubergrundausbildung bei der die Flugschüler das Fliegen eines Hubschraubers erlernen. Zum Einsatz kommen hier die Helikoptertypen Bell 206 und EC 135. Die Hubschraubergrundausbildung dauert zwölf Monate. Ist dieser Lehrgang überstanden kann der Flugschüler oder die Flugschülerin das Pilotenabzeichen der Bundeswehr in Empfang nehmen.[159]

Ein einmonatiger Überlebenslehrgang ist anschließend zu überstehen. Hier lernen die Flugschüler das Überleben in der freien Natur, im Gebirge oder im Eis, sowie das Überleben auf See.

Ein weiterer zwölfmonatiger Lehrgang umfasst die Muster- und Einsatzflugausbildung. Im Range eines Leutnants gehen die jungen Flieger in ihre neuen Truppenteile, wo das eigentliche Lernen erst beginnt.

Tiger UHT Simulator in Le Luc. (Foto: Rheinmetall)

Schwimmhallentraining beim Lehrgang „Überleben auf See“. (Foto: Bundeswehr, Bienert)

Im Truppendienst

Der Tiger UHT wird von der Bundeswehr im *Kampfhubschrauberregiment 36 „Kurhessen“* in Fritzlar, sowie in der deutsch-französischen Fliegerschule in Le Luc betrieben. Die Ausbildung eines Tigerpiloten beginnt in Le Luc. Hier werden zukünftige Besatzungsmitglieder auf den Tiger UHT umgeschult. Die Umschulung dauert etwa ein Jahr. Zum Zwecke der Ausbildung unterhält die Bundeswehr in Le Luc acht Tiger UHT.

Wurden in der Anfangszeit Besatzungsmitglieder ausgebildet, die vorher die Bo 105 geflogen hatten, so kommt in der Zwischenzeit der Pilotennachwuchs zum Zuge, der seine fliegerische Grundausbildung auf der EC 135 erhalten hat.

Der größte Problempunkt beim Umstieg auf den Tiger UHT bestand anfangs weniger darin den Helikopter fliegen zu lernen. Vielmehr bereitete die große Informationsflut, die ein Pilot verarbeiten musste, Schwierigkeiten. Dieses Problem trat vor allem bei ehemaligen Bo 105 Piloten auf, weil die gute alte Bo noch sehr viel mit „Gefühl“ geflogen werden musste. Der Tiger UHT stellte mit seinem Helmvisier alle für den Flug und den Kampf notwendigen Informationen im Blickfeld des Piloten dar, egal in welche Richtung der Pilot auch schaute. Der sich ständig wiederholende Blick auf die Armaturen des Hubschraubers, wie er bei der Bo 105 notwendig war, wurde damit obsolet. Diese mentale Hürde musste erst einmal überwunden werden. Bei den Piloten, die von der EC 135 auf den Tiger umsteigen scheint dieses Problem weitaus weniger akut zu sein.

Piloten, die ihre einjährige Umschulung auf den Tiger UHT hinter sich gebracht haben, werden im Kampfhubschrauberregiment 36 „Kurhessen“ eingesetzt. Auf dem Fliegerhorst Fritzlar, der Heimatbasis der „Kurhessen“, sind bis zu 40 Tiger UHT stationiert. Die Zahl 40 ergibt sich aus der Sollstärke des Kampfhubschrauberregiments. Diese Zahl reduziert sich wenn Maschinen im Auslandseinsatz sind, wie es in Afghanistan und Mali der Fall war.

Die Zahl der einsatzbereiten Hubschrauber ist deutlich geringer, weil sich Maschinen in der periodischen Wartung

Am deutsch-französischen Heeresfliegerausbildungszentrum TIGER in Le Luc en Provence findet die Muster-/Einsatz-/Flugausbildung statt. (Foto: Bundeswehr, Schneider)

Tiger bei der Flugausbildung in Le Luc. (Foto: Bundeswehr, Schneider)

Ausbildung beim Kampfhubschrauberregiment 36. Kampfhubschrauber Tiger starten nach Betankung und Aufmunitionierung vom vorgeschobenen Versorgungspunkt. (Foto: Bundeswehr, Vennemann)

Eine C-160 Transall startet und ein Tiger geht hinter der Maschine in Position und sichert den Start aus der Luft. (Foto: Bundeswehr, Vennemann)

Das Ziel der Ausbildung: Der Tiger in kompetenten Händen in der Luft.
(Foto: Bundeswehr, Herholt)

befinden. Ein Problem besteht darin, dass der Tiger UHT nicht so wartungsfreundlich ist, wie er von Hersteller ursprünglich angepriesen wurde. Der Tiger UHT ist eine komplizierte Maschine, die einiges an Aufwand erfordert um sie einsatzbereit zu halten.

Ein weiteres Problem bestand darin, dass die unterschiedlichen Ausrüstungsstände der Tiger UHT zu einer verschärften Ersatzteillage führten. Das äußerte sich darin, dass für ältere Tiger UHT oftmals keine Ersatzteile mehr zu bekommen waren. Zur Lösung des Problems wurden die Tiger mit hohem finanziellem Aufwand auf die modernen Rüststände aufgerüstet oder man nutzte andere Hubschrauber desselben Ausrüstungsstandes als Ersatzteilspender. Von 68 Hubschraubern des Typs Tiger UHT der Bundeswehr wurde etwa ein Viertel als Ersatzteilspender eingelagert.

Der Tigre HAP wurde sowohl von den Franzosen, als auch von den Spaniern in Afghanistan eingesetzt. (Foto: Airbus)

Afghanistan

Seit geraumer Zeit gehören Auslandseinsätze zum Alltag der Bundeswehr. Alles fing mit dem Einsatz in Somalia Anfang der 1990er-Jahre an. Dieser Einsatz dauerte jedoch nicht allzu lange. 2001 begann dann der längste und verlustreichste Auslandseinsatz der Bundeswehr. Er fand in Afghanistan satt.

Afghanistan ist ein geschundenes Land. Seit 1979 herrscht dort Krieg. Ausgelöst wurde er durch den Einmarsch sowjetischer Truppen, die einen Moskau genehmen Machtwechsel unterstützen sollten. Aus dem geplanten, kurzen Handstreich entwickelte sich ein zehnjähriger Krieg. Der Grund hierfür war auch die Einmischung der USA, die in Afghanistan eine günstige Gelegenheit sahen, den Sowjets eine herbe Niederlage zu bereiten. Deshalb unterstützten die Amerikaner afghanische Aufständische und rekrutierten in der gesamten islamischen Welt Freiwillige für den Kampf gegen die „gottlosen Kommunisten“. Dabei übersahen die amerikanischen Strategen, dass viele dieser Freiwilligen in der Sowjetunion nur das kleinere Übel, den sogenannten „kleinen Teufel“ sahen. „Der große Teufel“, das waren die USA. Weitsichtigen Beobachtern war bereits damals klar, dass sich die islamischen Gotteskrieger nach einer sowjetischen Niederlage unweigerlich gegen die Amerikaner wenden würden. Sie warnten frühzeitig vor dieser Entwicklung, doch wurden in Washington alle Warnungen in den Wind geschlagen.[160]

Stattdessen überschütteten die USA die in Afghanistan kämpfenden islamistischen Gotteskrieger mit Dollarmillionen und Waffen, ohne sich dabei bewusst zu sein, dass man sich einen zukünftigen, unbarmherzigen Feind selbst heranzog.

Nach zehn Jahren sinnloser Kämpfe und hoher Opferzahlen auf beiden Seiten gaben die Sowjets das Ringen am Hindukusch auf und zogen sich geschlagen zurück. Die Amerikaner verloren in der Folgezeit das Interesse an Afghanistan, wo die ehemals von Washington unterstützten Rebellengruppen alsbald begannen, sich um die Macht zu streiten. Was folgte war ein weiterer zehnjähriger Bürgerkrieg, der das Land vollends ins Chaos stürzte.

In dieser Situation traten die Taliban aufs Tableau. Die Taliban waren Koranschüler, die der pakistanische Geheimdienst ISI in paschtunischen[161] Koranschulen rekrutierte und nach rudimentärer militärischer Ausbildung nach Afghanistan schickte. Dort wurden die Taliban zunächst als Befreier begrüßt. Mit ihnen war die Hoffnung verbunden, dass Ordnung und Stabilität in dem vom Bürgerkrieg zerrissenen Land Einzug halten würden. Der Siegeszug der Taliban kam unerwartet schnell voran, was zum großen Teil dem Umstand geschuldet war, dass sich viele Kämpfer der Bürgerkriegsparteien schlichtweg weigerten gegen die von „Gott gesandten Krieger“ zu kämpfen. Die Taliban übernahmen die Macht im größten Teil Afghanistans und errichteten dort einen mittelalterlichen Klerikalstaat.

Im Westen interessierte das niemanden. Auch dann nicht, als ehemalige islamistische Afghanistankämpfer in das Land zurückkehrten, um es zu einer Ausgangsbasis für den mit terroristischen Mitteln auszufechtenden Kampf gegen

Ein französischer Tigre HAP bei einem Patrouillenflug in Afghanistan. Bewaffnet ist er mit ungelenkten Raketen und seiner Bordkanone. (Foto: Airbus)

den „großen Teufel" zu nutzen. Die aufkeimende Gefahr wurde schlichtweg ignoriert.

Dann kam der 11. September 2001. Die Türme des World Trade Centers in New York fielen in sich zusammen und ein Flugzeug stürzte aufs Pentagon in Washington.

Die Amerikaner wachten auf und sahen bestürzt, dass sich ihre ehemaligen Schützlinge im Kampf gegen Moskau nun gegen die USA gestellt hatten. Präsident George W. Bush blies zum Gegenangriff, rief zum „Krieg gegen den Terror" auf. Und alle westlichen Verbündeten der USA folgten diesem Ruf.

Amerikanische Truppen marschierten in Afghanistan ein und vertrieben den Spuk der Taliban. Zunächst wurden die Amerikaner von den Afghanen als Befreier gefeiert, ebenso die Alliierten, die im Rahmen der ISAF nach Afghanistan strömten.

Zu diesen Alliierten gehörten auch die Bundesrepublik Deutschland und Frankreich. Deutschland bekam die Aufgabe zugewiesen im Norden und Nordosten des Landes für Ruhe und Ordnung zu sorgen. Diese Aufgabe wollten die Berliner Politiker mit der lächerlich geringen Zahl von etwa 4.000 Soldaten lösen. Der skeptischen deutschen Bevölkerung erzählte man, dass diese Zahl vollkommen ausreichend sei, zumal die Bundeswehr in Afghanistan als eine Art bewaffnetes Technisches Hilfswerk auftrete. Ziel der Bundeswehr sei es Mädchenschulen zu bauen und Brunnen zu bohren. Mehr nicht. So die damalige Außendarstellung der rot-grünen Regierung.

Ein Tigre HAP fliegt in Afghanistan Geleitschutz für Transporthubschrauber. (Foto: Airbus)

Die französischen Piloten übten den in den Alpen in Vorbereitung für den Einsatz in Afghanistan. (Foto: Airbus)

Vor Ort war die Lage eine ganz andere. Die Soldaten der ISAF sahen sich im Laufe der Zeit mit immer stärkeren Widerstand konfrontiert. Die afghanischen Warlords taten das, was sie bereits zur Zeit des sowjetischen Afghanistanfeldzuges getan hatten. Sie gingen mit ihren Männern in die unzugänglichen Berge und begannen einen Partisanenkrieg, der immer weiter eskalierte. Außerdem sickerten die Taliban wieder ins Land ein und nahmen erneut den Kampf auf.

Vor der deutschen Öffentlichkeit wurde diese Entwicklung aber weitestgehend verschwiegen. Das Bild vom bewaffneten THW durfte nicht angekratzt werden. Begriffe wie „Kampfeinsatz“ oder gar „Krieg in Afghanistan“ sollten möglichst vermieden werden. Doch das gelang auf die Dauer nicht. Irgendwann setzte sich die Erkenntnis durch, dass die Truppen der ISAF, und damit auch die Bundeswehr, in einen veritablen Bürgerkrieg verstrickt waren.

Frankreich reagierte eher als Deutschland auf die entstandene Lage und entsandte am 04.02.2011 die ersten Kampfhubschrauber Tigre HAP an den Hindukusch. Den Maschinen wurden in Frankreich die Rotorblätter abmontiert, bevor man sie in russische Großraumtransporter An-124 verlud und nach Afghanistan flog.[162] Zuvor hatten die

Schwerpunkt der Ausbildung war das Fliegen im Hochgebirge. (Foto: Airbus)

Französischer Tigre HAP im Flug über Afghanistan (Foto: USAF, Staff Sgt Kyle Brasier)

Ankunft der deutschen Tiger in Afghanistan. Das Entladen der Antonow An-124 beginnt. (Foto: Bundeswehr)

Soldaten des Luftumschlagzuges und des Einsatzgeschwaders Mazar-e Sharif beginnen zusammen mit der russischen Besatzung mit dem Entladen der Fracht. (Foto: Bundeswehr)

Franzosen ihren für den Einsatz in Afghanistan vorgesehenen Piloten ein intensives Flugtraining absolvieren lassen. Ein Kernstück der Ausbildung betraf das Fliegen im Hochgebirge, das die Franzosen in den Alpen und den Pyrenäen durchführten.

In Afghanistan wurden die Tigre HAP nach einer kurzen Eingewöhnungszeit zur Unterstützung der am Boden kämpfenden ISAF-Verbände eingesetzt. Das geschah vor allem im Raum Kabul. Hier griffen die Tigre HAP in die Kampfhandlungen ein und bald zeigte sich jener Effekt, den bereits die Sowjets und die Amerikaner kennengelernt hatten: Sobald die Kampfhubschrauber über der Gefechtszone erschienen beruhigte sich die Gefechtslage schlagartig. Die Taliban versuchten sich der überlegenen Feuerkraft der Kampfhubschrauber zu entziehen.

Unter den Einsatzbedingungen Afghanistans erwies sich die Bewaffnung des Tigre HAP als vollkommen ausreichend.

Die Feuerkraft von Bordkanone und ungelenkten Raketen genügte vollauf, um die Taliban in die Flucht zu schlagen.

Doch nicht alles klappte in Afghanistan. So hatten die Tigre HAP mit den klimatischen Bedingungen zu kämpfen. Im Winter war es bitterkalt und im Sommer sehr heiß. Hinzu kamen die zum Teil große Höhenlage, die die Triebwerke des Tigre HAP an ihre Leistungsgrenze brachte. Ein weiteres Problem entstand durch Sand und Staub, die für die Franzosen eine unangenehme Überraschung bereithielten. Die in Afghanistan vorherrschenden Sand- und Staubarten waren scharfkantig. Sie schädigten die Triebwerke und andere bewegliche Teile.[163] Die Abnutzung und der Verschleiß waren unerwartet hoch, so dass sich die Franzosen gezwungen sahen die Einsatzbereitschaft ihrer Tigre HAP mit einem hohen personellen und technischen Aufwand sicherzustellen. Sandfilter, die ursprünglich für die australischen Tiger ARH entwickelt worden waren, wurden nachgerüstet, eine zusätzliche Panzerung im Cockpitbereich des Hubschraubers nachträglich angebracht.

Die An-124 kann zwei Tiger UHT auf einmal nach Afghanistan transportieren. (Foto: Bundeswehr)

Antonov An-124, auf der Landebahn am Rand des Feldlagers Camp Marmal. Die beiden Unterstützungshubschrauber Tiger werden vorsichtig aus dem Transportflugzeug gerollt. (Foto: Bundeswehr)

Die Tiger sind in Masar-e-Sharif angekommen. (Foto: Bundeswehr)

Während des französischen Afghanistaneinsatzes ging ein Tigre HAP verloren. Das passierte während eines nächtlichen Einsatzes, bei dem es während eines Versuchs einen Höhenzug zu überfliegen zu einer Bodenberührung kam. Der Hubschrauber schrammte so heftig über den Gebirgskamm, dass das Fahrwerk kollabierte und der Heckausleger zur linken Seite hin wegknickte. Der Tigre HAP wurde dabei so schwer beschädigt, dass er abgeschrieben werden musste. Bei der Unfalluntersuchung stellte man fest, dass die Nachtsichttechnik des Piloten kein ausreichendes Lagebild geliefert hatte.

Bis zum Abzug der französischen Tigre HAP im Jahr 2014 flogen die Kampfhubschrauber etwa 2.600 Einsätze. Dabei sammelten sie 4.215 Flugstunden an. Während der Kampfhandlungen wurden etwa 19.000 Schuss aus den Bordkanonen abgegeben und 420 ungelenkte 68 mm Raketen verschossen.

Die Tigre HAP hatten ihre Zähne gezeigt und sich im Kampf bewährt. Für ein Einsatzszenario, wie es in Afghanistan vorherrschte, waren sie nahezu perfekt ausgerüstet.

Ähnliche Einsatzerfahrungen machten die Spanier, als sie ebenfalls Tigre HAP nach Afghanistan entsandten.

Der Einsatz der deutschen Tiger UHT begann anderthalb Jahre nach dem französischen Engagement. Zunächst hatten politische Gründe dazu geführt, dass der Tiger UHT nicht nach Afghanistan geschickt wurde. Viele Politiker sahen in einem Kampfhubschraubereinsatz ein viel zu martialisches Vorgehen, was ihrem eher pazifistisch angehauchten Weltbild diametral gegenüberstand. Der Einsatz der Kampfhubschrauber, so fürchteten sie, würde das von der Presse gemalte Bild der brunnenbohrenden und Mädchenschulen errichtenden Bundeswehr zerstören. Als sich die deutschen Verluste mehrten und die in Afghanistan kämpfende Truppe händeringend nach schlagkräftigen Waffen rief, erfolgte in Berlin ein langsamer Umdenkungsprozess. Man begann über den Einsatz des Tigers UHT nachzudenken, um dann festzustellen, dass dieser Hubschrauber für Afghanistan denkbar ungeeignet war.

Der Tiger UHT musste dringend nachgerüstet werden, weshalb das Programm ASGARD aufgelegt wurde. Im Rah-

men dieses Programmes bekam der Tiger UHT ein zusätzliches Funkgerät. Die bisherigen drei Funkgeräte wurden modernisiert. Um den Tiger UHT an die rauen klimatischen Bedingungen anzupassen wurden die leistungsstärkeren Triebwerke MTR390-E eingebaut. Die Lufteinläufe versah man mit Sandfiltern.[164] Um die Rotorblätter vor dem scharfkantigen Sandstaub zu schützen wurden sie mit einer verschleißhemmenden Schutzfolie beschichtet. Und letztendlich brachte man an der Cockpitsektion Zusatzpanzerungen aus Keramikelementen an.

Vollständig auf diese Weise ausgerüstete Maschinen erhielten die Bezeichnung Asgard-F.

Die ersten beiden Tiger UHT Asgard-F wurden am 13.12. 2012 auf dem Flugplatz Leipzig-Halle in eine russische Frachtmaschine An-124 verladen und anschließend nach Afghanistan geflogen. Vor Ort, auf dem Flugplatz Masar-i-Sharif, mussten die abgebauten Rotorblätter und das Sichtsystem Osiris wieder montiert werden. Am 21.12.2012 folgten zwei weitere Tiger UHT.

Die volle Einsatzbereitschaft der vier Tiger UHT in Afghanistan wurde am 30.01.2013 erreicht. Die deutschen Piloten machten in der Anfangszeit nur Eingewöhnungsflüge und übten das Zusammenwirken mit den eigenen Bodentruppen.

Erster Flug des Tigers in Afghanistan. (Foto: Bundeswehr, RC North PAO)

Tiger vor dem Flugfeld in Masar-e-Sharif. (Foto: Bundeswehr, RC North PAO)

Tiger über den malerischen Bergen von Afghanistan. (Foto: Bundeswehr, RC North PAO)

Tiger UHT bereit zum Start in Masar-e-Sharif. (Foto: Bundeswehr, RC North PAO)

Start vom Flugplatz Mazar-e-Sharif.
(Foto: Bundeswehr, Wilke)

Später eskortierten die Tiger Marschkolonnen der ISAF und unterstützten eigene Truppen im Kampf.

Ging am Standort der Tiger UHT die Meldung ein, dass eigene Truppen angegriffen wurden, löste dies den sogenannten TIC-Alarm aus. TIC stand für „Troops in contact". Entsprechend der Einsatzregeln der ISAF hatten die Besatzungen der Tiger UHT maximal 30 Minuten Zeit um zum Einsatz zu starten. Am Einsatzort wurden die Tiger UHT von sogenannten Forward-Air-Controllern[165] per Funk in die Lage eingewiesen und auf die Ziele angesetzt.

Die Bundeswehr verkündete am Ende des Afghanistaneinsatzes stolz, dass es stets ausreichend gewesen sei die Tiger UHT über dem Gefechtsfeld auftauchen zu lassen. Die pure Androhung überlegener Feuerkraft, im amerikanisch gefärbten Militärdeutsch als „Show of Force" bezeichnet, habe ausgereicht die Taliban in die Flucht zu schlagen. Von deutschen Tigern sei kein einziger Schuss in Kampfhandlungen abgegeben worden, hieß es.

Dieser Darstellung widerspricht jedoch der Bericht eines Korrespondenten der Frankfurter Allgemeinen Zeitung über ein Gefecht vom 04.05.2013.

An jenem Tag wurde eine von deutschen Soldaten des Kommandos Spezialkräfte begleitete afghanische Einheit von den Taliban angegriffen. Die afghanischen Regierungstruppen stellten ihre mangelnde Kampfmoral unter Beweis indem sie sofort Reißaus nahmen und sich mehr als einen halben Kilometer zurückzogen.[166] Die deutschen KSK-Soldaten hingegen nahmen das Gefecht gegen den zahlenmäßig überlegenen Feind auf und riefen Luftunterstützung herbei. Diese wurde von zwei Kampfhubschraubern Tiger UHT und zwei amerikanischen Schlachtflugzeugen A-10 Warthog geleistet. Sowohl A-10, als auch Tiger UHT griffen die Taliban mehrmals an und setzten dabei ihre Waffen ein.

Der Angriff der Taliban wurde abgeschlagen. Die Verluste auf Seiten der Taliban waren hoch. Ein deutscher KSK-Soldat kam ums Leben, weitere wurden verwundet.

Das ist der einzige verfügbare Bericht, der davon spricht, dass sich deutsche Tiger UHT mit Waffengewalt an einem Gefecht beteiligt haben.

Wie ihre französischen und spanischen Kollegen hatten auch die deutschen Tiger UHT mit den widrigen Umweltbedingungen zu kämpfen. Als großen Vorteil erwiesen sich die stärkeren Triebwerke, so dass die deutschen Tiger weniger unter den „hot and high" Bedingungen[167] zu leiden hatten als die Tigre HAP.

Scharfkantiger Sand und Staub machte auch den deutschen Tigern schwer zu schaffen. Er kroch in jede Ritze und schmirgelte an allen sich bewegenden Teilen. Der Verschleiß am Material war viel höher als man es in Deutschland gewohnt war. Die Lebensdauer einiger Bauteile erreichte nicht die gewohnte Frist. Dennoch gelang es, mit hohem personellen und technischen Aufwand, den Flugbetrieb der Tiger UHT in Afghanistan jederzeit sicherzustellen.

Die vier deutschen Tiger UHT blieben bis zum Juni 2014 in Afghanistan. Am 30.06.2014 wurde ein abschließender Paradeflug über dem deutschen Camp Marmal in Masar-i-Sharif durchgeführt. Dann kehrten die Tiger an Bord russischer An-124 wieder in die Heimat zurück.

Nach Bundeswehrangaben wurden in Afghanistan 260 Einsatzflüge durchgeführt und dabei 1.860 Flugstunden absolviert. Diese Zahlen können aber nicht stimmen, weil dann ein Einsatz durchschnittlich über 7 Stunden gedauert hätte. Dies ist aber, selbst beim Anbau von zwei Treibstoffzusatzbehältern, nicht möglich. Nimmt man die französischen Zahlen als Maßstab, so müssten die vier Tiger UHT, bei einer Gesamtflugdauer von 1.860 Flugstunden, etwa 1.125 Einsätze geflogen haben.[168]

Im Jahr 2021 zogen sich die westlichen Truppen überhastet aus Afghanistan zurück. Während die Amerikaner sich auch in der Endphase des Einsatzes auf die Schlagkraft ihrer AH-64 Apache verlassen konnten, wurden weder von den Franzosen, noch von den Deutschen wieder Tiger Kampfhubschrauber ins Land gebracht. Stattdessen verlegte die Bundesrepublik für eine kurze Zeitspanne vier leichte H145M Hubschrauber nach Kabul, die bei der Evakuierung von deutschen Staatsangehörigen und Ortskräften zum Einsatz kamen.

Mali

Ein weiterer langanhaltender Auslandseinsatz der Bundeswehr, bei dem der Kampfhubschrauber Tiger zum Einsatz kam, betraf das afrikanische Land Mali.

Mali ist ein Land in Westafrika über das der deutsche Normalbürger so gut wie nichts weiß. Die Masse der Deutschen hat sogar Mühe dieses Land auf einer Landkarte zu finden. Man hat keine Vorstellung von der Größe des Landes, seinen Völkerschaften, den dortigen Lebensbedingungen, von der politischen Situation vor Ort ganz zu schweigen. Und dennoch sind deutsche Soldaten in diesem Land stationiert. Ihr Auftrag besteht darin im Rahmen der UNO-Mission UNISMA die Streitkräfte Malis auszubilden, damit diese für Ruhe und Ordnung im Land sorgen können.

Neben den deutschen Soldaten sind auch Militärs anderer Staaten vor Ort. Zu allererst seien die Franzosen genannt, die eine eigene Mission in Mali betreiben.

Während Mali für uns Deutsche weitgehend eine Terra incognita darstellt, hat Frankreich mit diesem Land eine langandauernde Verbindung. Mali war einst eine französische Kolonie. Noch heute verfolgt Frankreich wirtschaftliche Interessen in diesem Land. Hauptsächlich geht es dabei um Rohstoffe und den ungehinderten Zugang zu ihnen.

Ein Problem Malis, das dieser Staat mit nahezu allen anderen afrikanischen Staaten teilt, besteht darin, dass seine Grenzen willkürlich gezogen sind. Sie entsprechen den kolonialen Gegebenheiten von vor 100 Jahren und nehmen keinerlei Rücksicht auf die Siedlungsgebiete der dortigen Völkerschaften und Stämme. Zwischen diesen zwangsweise in einem Staat zusammenlebenden Stämmen und Völkerschaften gibt es jede Menge Animositäten und Feindschaften. Es gibt ethnische und religiöse Probleme, sowie die üblichen Auseinandersetzungen zwischen Bauern und Nomaden um die Nutzung des Landes. Während die Masse der malischen Bevölkerung, die im Süden des Landes an den Flüssen Niger und Senegal lebt, von schwarzer Hautfarbe ist, lebt im Norden des Landes die hellhäutige Völkerschaft der Tuareg. Die Macht im Staate Mali wurde und wird ausschließlich von den Schwarzafrikanern ausgeübt, weshalb sich die hellhäutigen Wüstenbewohner benachteiligt fühlen und sich deshalb zur Wehr setzen.

Diese Situation nutzten islamistische Kräfte, nach dem vom Westen herbeigeführten Zerfall Libyens, aus, um im Norden Malis für Unruhen zu sorgen und in diesem Gebiet de facto die Herrschaft zu übernehmen. Hier planten sie einen unabhängigen Staat zu schaffen. Solange sich dieser neue, von niemanden anerkannte Staat auf die Wüstengebiete der Sahara beschränkte ignorierte der Westen das Problem weitestgehend. Doch als die von Islamisten unterstützten Truppen des Nordens zum Fluss Niger vorrückten und die Stadt Timbuktu einnahmen reagierte Frankreich sehr schnell und sehr effizient. Im Rahmen der Operation „Serval" entsandten die Franzosen Truppen, die die islamistischen Kräfte niederringen und den Status Quo ante wiederherstellen sollten. Dazu wurden zur Unterstützung der französischen Eliteverbänden mehrere Tigre HAP nach Mali gebracht.

Das Niederkämpfen der islamistischen Kräfte gelang in recht kurzer Zeit, weil die Franzosen technologisch haus-

Diese niederländischen AH-64 wurden von den deutschen Tiger UHT abgelöst. (Foto: Niederländische Armee)

An-124 mit zwei Tiger UHT an Bord auf dem Weg nach Mali. (Foto: Bundeswehr Bähr)

hoch überlegen waren und die Truppen der Gegenseite nur einen recht bescheidenen Kampfwert besaßen.

Doch mit dem Niederringen des Gegners war es nicht getan. Das Land musste langfristig befriedet und stabilisiert werden. Die Herrschaft über Mali sollte wieder von Bamako, der malischen Hauptstadt, ausgeübt werden und nicht von herumstreunenden Warlords.

Zu diesem Zweck rief die UNO die Mission UNISMA in Leben.

Seit 2013 beteiligte sich die Bundesrepublik Deutschland an diesem UNO-Einsatz und entsandte Bundeswehrsoldaten in das westafrikanische Land.

Anfang 2017 verlegte die Bundeswehr vier Tiger UHT Asgard-F nach Mali. Die deutschen Kampfhubschrauber ersetzten niederländische Kampfhubschrauber des Typs AH-64 Apache, die zuvor für die UNO im Rahmen der MINUSMA im Einsatz gewesen waren.

Die Verlegung begann am 25.03.2017, als die ersten beiden Tiger UHT an Bord eines Frachtflugzeugs des Typs An-

124 verladen wurden und vom Flugplatz Leipzig-Halle aus zum malischen Flugplatz Gao starteten. In Vorbereitung der Verlegung hatte man, wie üblich, Rotorblätter und Mastvisier von den Hubschraubern abgenommen. In Mali angekommen, wurden die Hubschrauber wieder komplettiert. Dies geschah im Bundeswehrfeldlager Camp Castor, in das die Tiger vom angrenzenden Flugplatz überführt worden waren. Zwei weitere Tiger UHT folgten wenige Tage später.

Neben den vier Tiger UHT wurden auch vier Transporthubschrauber NH-90 nach Mali transportiert und dort eingesetzt.

Die Aufgabe der deutschen Tiger bestand darin Aufklärungseinsätze zu fliegen und Kolonnen von Bodentruppen aus der Luft abzusichern. Die Flüge ähnelten in ihren Aufgabenstellungen den Einsätzen, wie sie in Afghanistan üblich gewesen waren.

Doch es gab auch Unterschiede zum Afghanistanengagement. Zu nennen seien hier die klimatischen Besonderheiten der Sahelzone.[169] Es war sehr heiß, trocken und staubig.

Presseberichten zufolge hatten die Tiger UHT zunächst erhebliche Probleme mit den hohen Temperaturen vor Ort. Die in Mali in der Mittagszeit erreichten Außentemperaturen überschritten die für den Betrieb des Hubschraubers zulässige Höchsttemperatur zum Teil deutlich. Der Flugbetrieb musste deshalb eingeschränkt werden.[170] Um dem abzuhelfen wurden die zulässigen Höchsttemperaturen für den regelkonformen Betrieb eines Kampfhubschraubers Tiger UHT, nach längeren Verhandlungen mit dem Hersteller, um fünf Grad Celsius angehoben.[171] Damit war der Einsatzfähigkeit des Helikopters auf dem Papier wieder hergestellt. Die geforderten Einsätze in Mali konnten wieder rund um die Uhr geflogen werden.

Eine Maschine des Typs Tiger UHT Asgard-F stürzte am 26.07.2017 bei einem Routineflug ab und wurde dabei vollständig zerstört.

Während des Fluges hatte die Besatzung dem Autopiloten die Steuerung des Kampfhubschraubers überlassen. Das war Routine bei den langen Einsatzflügen, weil es die Arbeitsbelastung der Besatzung erheblich reduzierte und es ihr ermöglichte sich auf voll die Beobachtung der Umgebung zu konzentrieren.

Doch am 26.07.2017 wirkte sich das Vertrauen in die Technik fatal aus. Der Hubschrauber ging unvermittelt und ohne Zutun des Piloten in einen extremen Sinkflug über. Die dabei erzeugte strukturelle Belastung war so enorm, dass alle Rotorblätter des Hauptrotors abbrachen. Ohne Rotorblätter fiel der Helikopter wie ein Stein vom Himmel und zerschellte am Boden. Die Besatzung kam dabei ums Leben.

Nach diesem Vorfall wurde unverzüglich ein Flugverbot für alle Kampfhubschrauber Tiger UHT ausgesprochen.

Bei der Flugunfalluntersuchung stellte man später fest, dass der Autopilot das unvermittelte Sinkflugmanöver selbständig eingeleitet hatte. Dies geschah so abrupt und schnell, dass der Pilot keine Chance hatte dem Sinkflug entgegenzuwirken.

Als Ursache für den Absturz wurde später ein Wartungsfehler festgestellt. Bei einer vorher durchgeführten großen Durchsicht war die Flugsteuerung von Technikern des Herstellers Airbus falsch justiert worden. Nachdem die Unfallursache erkannt worden war, hob man das Flugverbot für den Tiger UHT wieder auf.

Um den Verlust des Helikopters zu kompensieren wurde als Ersatz ein weiterer Tiger UHT nach Mali verlegt.

Der Einsatz der deutschen Tiger UHT endete im Juni 2018. Der letzte Einsatzflug fand am 15.06.2018 statt. Im Zeitraum von März 2017 bis Juni 2018 flogen die deutschen Tiger 185 Gefechtseinsätze. Davon diente knapp die Hälfte dem Schutz und dem Geleit von Fahrzeugkolonnen der Bodentruppen. In einigen Fällen wurden Tiger UHT zur Gefechtsunterstützung kämpfender Bodentruppen herbeigerufen. Dabei war es aber stets ausreichend dem Gegner den Waffeneinsatz im Rahmen einer „Show of Force“ anzudrohen, damit er sich zurückzog.

Neben den Gefechtseinsätzen wurden auch Trainingsflüge durchgeführt, so dass die Tiger UHT in Mali insgesamt

Operation Barkhane in Mali: Ein Tigre HAP bei der Startvorbereitung. Man beachte die neuen Lufteinläufe, die ursprünglich für den australischen Tiger ARH entwickelt wurden. (Foto: französisches Verteidigungsministerium)

Tigre HAP beim Start in Mali. Die staubige Umgebung stellt hohe Anforderungen ans Material. (Foto: Nexter, ECPAD Sebastien Dupont)

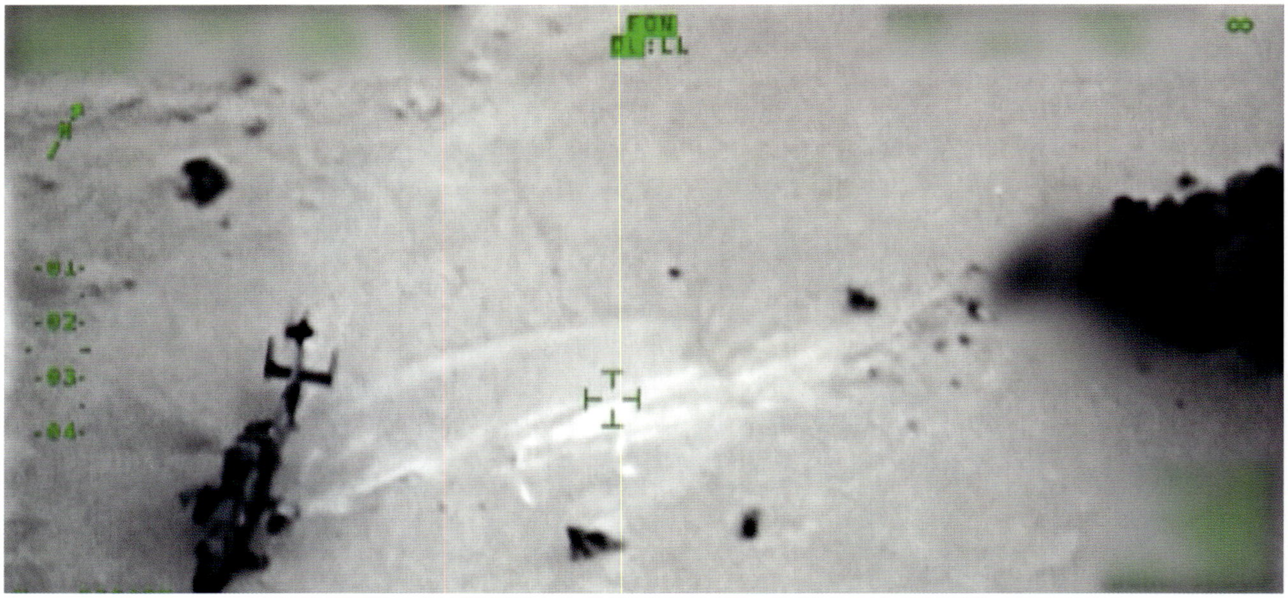

20. Oktober 2020 in Mali: Ein Tiger-Pilot rettet die Besatzung eines abgestürzten Gazelle-Hubschraubers (unten Mitte). (Foto: Airbus)

Der Pilot des Tigre HAP trägt eine Schutzweste und einen TopOwl-Helm. (Foto: französisches Verteidigungsministerium)

etwa 1.000 Stunden in der Luft waren. Zur Sicherstellung des Flugbetriebs waren 363 Angehörige des Kampfhubschrauberregiments 36 nach Mali entsandt worden.

Nach dem Ende des Afghanistanengagements und den chaotischen Zuständen beim finalen Abzug wurde auch der Mali-Einsatz von der deutschen Politik in Frage gestellt. Militärische Umsturzversuche in Mali, an denen sich auch von deutschen Militärs ausgebildete Truppen der malischen Armee beteiligten, ließen an der Sinnhaftigkeit des deutschen Engagements vor Ort zweifeln.

Zum Zeitpunkt der Niederschrift dieser Zeilen befinden sich immer noch deutsche Soldaten in Mali. Dies kann sich aber sehr schnell ändern, wie der überhastete Abzug der westlichen Truppen aus Afghanistan Mitte 2021 offenkundig gemacht hat.

Während die deutschen Tiger UHT im Juni 2018 Mali wieder verließen und von bewaffneten Hubschraubern anderer Nationen ersetzt wurden, verblieben die französischen Tigre vor Ort und führten auch weiterhin Kampfeinsätze durch. Dabei kam es auch regelmäßig zum Waffeneinsatz.

Am 25.11.2019 kam es während eines solchen Einsatzes zu einem dramatischen Zwischenfall. Ein Tigre sollte einen Transporthelikopter des Typs Cougar zu einem nächtlichen Kommandoeinsatz eskortieren. Dabei kollidierten beide Hubschrauber und stürzten ab. Dreizehn französische Militärangehörige verloren dabei ihr Leben.

Im Zusammenhang mit einem weiteren Vorfall veröffentlichte das französische Militär ein interessantes Video, in dem gezeigt wurde, wie ein Kampfhubschrauber Tigre die Besatzung eines abgestürzten Gazelle Hubschraubers evakuierte. Der Tigre landete neben dem ausbrennenden Hubschrauber, der Kommandant stieg aus, holte die abgestürzte Besatzung ab und ließ sie im Cockpit des Tigre einsteigen. Auf Grund des engen Cockpits war es eine sportliche Leistung die Besatzung der Gazelle dort unterzubringen.

Während der ganzen Aktion sicherte ein zweiter Tigre die am Boden befindlichen Besatzungen aus der Luft ab. Das vom französischen Militär verbreitete Video stammt aus Aufnahmen, die dieser zweite Tigre während des Vorfalls machte.

A41-208
016
ARMY
A38-016

Der Tiger im Vergleich zu anderen Kampfhubschraubern

Tiger ARH bei der Verladung in eine RAAF C-17. (Foto: Australian Army)

AH-64 beim Start in Bagram, Afghanistan im Jahr 2012. Man beachte, wie martialisch die Maschine aussieht, im Vergleich zum schlanken Tiger. (Foto: US Air Force, Hecht)

Der H665 Tiger ist ein hochmoderner Kampfhubschrauber. Im Folgenden soll geklärt werden, wie er im Vergleich zu anderen, heute im Einsatz stehenden Kampfhubschraubern einzuschätzen ist.

AH-64 Apache

Der Kampfhubschrauber AH-64 Apache wurde in den 1970er- und 80er-Jahren entwickelt. Die Version AH-64A kam Mitte der 80er-Jahre in die Truppe und zeigte sich dort von ihrer guten Seite.

1991 zog sie in den Golfkrieg und bewährte sich im Kampf. Bei allen Erfolgen zeigte die AH-64A aber auch beträchtliche Schwächen. Ihr Navigationssystem war unzuverlässig, das Cockpitdesign veraltet, die Sensoren und Zielsysteme entsprachen zum Teil nicht mehr den Anforderungen des modernen Gefechts. Die Einsatzbereitschaft der AH-64A war während des Golfkriegs 1991 auch nicht berauschend. Der Wartungsaufwand war viel zu hoch. Die Bodencrews kamen mit den Arbeiten nicht hinterher, so dass weniger als die Hälfte aller geplanten Einsätze auch tatsächlich geflogen werden konnten.

Um die genannten und zum Teil bereits vor dem Golfkrieg erkannten Probleme zu beheben wurde die AH-64D Longbow Apache entwickelt. Der Entwicklungsbeginn war im August 1990. Der Jungfernflug des ersten AH-64D Prototyps fand am 15.04.1992 statt. Im Frühling 1997 erhielt die US Army ihre ersten AH-64D Longbow Apache.

Kernpunkt des Kampfhubschraubers AH-64D Longbow Apache war das namensgebende Longbow-Radarsystem. Longbow war in der Lage sowohl Luft- als auch Bodenziele zu entdecken und entsprechend des Radarechos zu katalogisieren. Es konnte eine große Zahl von Zielen gleichzeitig beobachten[172]. Das System war in der Lage mehrere Lenkflugkörper[173] gleichzeitig auf verschiedene Ziele zu steuern. Longbow machte es möglich gepanzerte Ziele auf eine größere Distanz zu bekämpfen als es mit dem optischen Zielsuchsystem möglich gewesen war. Außerdem war die Unterscheidbarkeit zwischen Freund und Feind deutlich verbessert.

Durch die Montage des Longbow-Systems auf dem Rotormast war es einer AH-64D möglich das Gefechtsfeld aus einer gedeckten Position heraus zu beobachten. Sie konnte sich hinter Deckungen verstecken, ihre Ziele beobachten und anvisieren ohne selbst gesehen zu werden. Für den Feuerkampf erhob sich die Longbow Apache aus ihrer Deckung, feuerte die Raketen ab und konnte sofort nach dem Start der letzten Rakete wieder in Deckung gehen.

Die Neuerungen der AH-64D betrafen aber nicht nur das Longbow-System und die spätere Modernisierung des optischen Sensorpaketes. Eine der wichtigsten Neuerungen war die Einführung eines Glascockpits. Alle wichtigen Informationen wurden der Besatzung auf zwei Multifunktionsanzeigen dargestellt. Das erleichterte die Bedienung des Hubschraubers enorm.

Eine weitere wichtige Neuerung der AH-64D war das überarbeitete Navigationssystem.

Die AH-64D wurde in zwei Varianten gefertigt. Es gab sie mit und ohne Longbow-Radar. Die Maschinen mit Radar nannte man AH-64D Longbow Apache, die ohne Radar nur AH-64D Apache.

Das Radar konnte aber, auch unter feldmäßigen Bedingungen, in relativ kurzer Zeit auf jeder AH-64D montiert werden, so dass es leicht war eine „einfache" Apache D in eine Longbow Apache zu verwandeln. Deshalb verzichtete die US Army auf eine spezielle Unterscheidung beider Varianten[174].

Modernisierungen der AH-64D wurden intern als Block I und Block II bezeichnet. Jede Modernisierung führte zu einem weiteren Anstieg der Leermasse des Hubschraubers. Weil die AH-64D von Beginn an schwerer als die AH-64A war, jedoch mit dem Triebwerksblock der letzten AH-64A Variante ausgestattet wurde, lagen die Flugleistungen der D-Version deutlich unter denen des Vorgängermodells. Das galt vor allem dann, wenn das Longbow-Radar installiert war.

Die vorhandene Triebwerksleistung war aber trotzdem groß genug, um den Kampfhubschrauber in normalen Einsatzgebieten hochgradig agil fliegen zu können.

Doch dann kam der 11. September 2001 und die ihm nachfolgenden Kriege im Irak und Afghanistan. Nun musste die AH-64D in Gegenden operieren, für die sie nicht optimal ausgelegt war. Ursprünglich dafür gedacht große sowjetische Panzerverbände in den Tiefebenen Mitteleuropas zu dezimieren, sah sich die AH-64D nun mit heißem Klima und im Fall von Afghanistan zusätzlich mit großer Höhen-

AH-64D Longbow Apache mit Mastradar im im Flug. (Foto: US Army, Cpl Ju-ho Ma)

Ein AH-64D Apache ohne Mastradar. (Foto: US Army, Andy Dunaway)

lage konfrontiert. Und hier stieß sie an ihre leistungsmäßigen Grenzen.

Es tauchten eine Menge Probleme auf, weshalb im Jahr 2005 Block III der AH-64D Modernisierung ins Leben gerufen wurde. Zu den Verbesserungen gehörte die Installation leistungsstärkerer, für den Einsatz in größeren Höhen optimierte Triebwerke und der Einsatz eines neuentwickelten Hauptrotors mit längeren Rotorblättern.

Die Verbesserungen am Antriebssystem machten die AH-64D Block III zur schnellsten und agilsten Apache Version, zumindest solange Longbow nicht montiert war. Sie erreichte eine maximale Geschwindigkeit von bis zu 350 km/h. Das waren satte 50 km/h mehr als bei einer AH-64A.

Die Leermasse der AH-64D Block III wurde gesenkt, indem man auf das mechanische Flugsteuerungssystem verzichtete und es durch ein Fly-By-Wire-System ersetzte. Neue Sensoren hielten Einzug, das Waffensystem wurde überarbeitet. Die Gewichtseinsparungen, verbunden mit den stärkeren Triebwerken, machten es möglich die mitführbare Waffenlast um etwa 500 kg zu erhöhen.

Um den deutlich gestiegenen Gefechtswert des Hubschraubers zu würdigen, wurde Block III im Jahr 2012 in den Status einer eigenen Version erhoben. Fortan bezeichnete man diese Hubschrauber als AH-64E Apache Guardian.

Die AH-64E ist der momentan modernste und leistungsfähigste Hubschrauber aus amerikanischer Herstellung. Viele Beobachter sehen in ihm den besten Kampfhubschrauber der Welt.

Vergleicht man die AH-64 mit dem europäischen Kampfhubschrauber Tiger so muss man feststellen, dass beide Helikopter für unterschiedliche Einsatzszenarien entwickelt wurden. Die AH-64 ist ein gut bewaffneter und schwer gepanzerter Kampfhubschrauber, der durchaus in der Lage ist in ein Gefecht auf Nahdistanz zu gehen und sich dort, dank seiner Feuerkraft und soliden Überlebensfähigkeit, auch zu behaupten. Der Tiger ist eher dafür ausgelegt, aus der Distanz zu kämpfen. Er sollte sich aus einem Handgemenge möglichst heraushalten.

Entsprechend dieser Einsatzgrundsätze sind beide Hubschrauber aufgebaut. Der Apache ist größer, schwerer und wuchtiger. Der Tiger wirkt im Vergleich zur AH-64 Apache schmal und grazil. Im Vergleich zum Tiger ist die AH-64E schneller. Der Tiger glänzt jedoch mit einer überragenden Agilität.

Die AH-64 verfügt über einen soliden Panzerschutz, der praktisch alle wichtigen Teile und das Cockpit absichert. Er ist deshalb in der Lage, sich auch in schwer umkämpften Regionen zu behaupten.[175] Der Panzerschutz des Tigers folgt einem anderen Konzept. Er besteht lediglich aus einigen wenigen Keramikelementen, die im Bereich des Cockpits nachträglich angebaut wurden, sowie Kevlarschichten, die im Bereich des Cockpits und der Pilotensitze zu finden sind. Panzerglas ist de facto nicht vorhanden, was die Besatzung des Tigers verwundbar macht.

Zum Selbstschutz besitzen beide Helikoptertypen Störkörperwerfer. Die AH-64 hat zudem noch ein Infrarotstörgerät zur Abwehr von Raketen mit wärmesuchendem Zielsuchkopf. Der Tiger besitzt ein solches Gerät nicht.

Auch die Crashsicherheit der AH-64 ist deutlich größer als die eines Tigers. Bei Notlandungen kann die Besatzung eines Apaches Crashs mit einer deutlich höheren Sinkgeschwindigkeit überleben.

Hinsichtlich seiner Sensorik hat die AH-64E gegenüber dem Tiger den großen Vorteil eines Mastradargerätes. Mit dessen Hilfe kann ein Apache-Kampfhubschrauber Bodenziele unabhängig von den Witterungsbedingungen, von Nebel, Rauch und Staubaufwirbelungen entdecken und bekämpfen. Die Optiken der AH-64E Apache sind dagegen nicht so hoch entwickelt wie die des Tigers UHT. Außerdem fehlt ihnen die Fähigkeit eines Rundumblicks. Die Optiksysteme der Tiger Varianten HAP, HAD, HAD-E und ARH sind denen der AH-64E ebenbürtig.

Der Tiger UHT hat mit der vollautomatischen Panzerabwehrlenkwaffe PARS 3LR einen großen Vorteil gegenüber der AH-64. Während die amerikanischen Piloten die Ziele für ihre Hellfire Raketen markiert halten müssen, kann der Tiger UHT sofort nach der Feuereröffnung abdrehen und sich in Sicherheit bringen. Die Tiger-Varianten ARH, HAD und HAD-E sind in ihrer Lenkwaffenbewaffnung der AH-64 ebenbürtig. Der Tigre HAP ist dem Apache waffentechnisch klar unterlegen.

Alles in allem kann man sagen, dass die AH-64 das robustere und universeller einsatzbare Fluggerät ist, während der Tiger als Spezialist seine Vorzüge hat.

Technische Daten der AH-64E Apache Guardian	
Abmessungen	
Rotorkreisdurchmesser	14,63 m
Rumpflänge	15,05 m
Länge über alles	17,73 m
Spannweite	5,23 m
Höhe	3,87 m ohne Longbow-Radar
	4,95 m mit Longbow-Radar
Rotorkreisfläche	168,10 m²
Rotorblattzahl	4-Blatthaupt-, 4-Blattheckrotor
Massen	
Leermasse	5.165 kg
Startmasse	8.000 kg
Max. Startmasse	10.433 kg
Treibstoffmenge	– l
Antrieb	2 × T700-GE-701D
Startleistung	2 × 1.500 kW / 2.038 PS
Flugleistungen	
Höchstgeschwindigkeit	350 km/h 400 km/h im Sturzflug
Marschgeschwindigkeit	250 km/h
Reichweite	490 km
Gipfelhöhe	6.500 m
Steiggeschwindigkeit	13,0 m/s
Bewaffnung	
Drehturm	1 × 30 mm M230E1 mit 1.200 Schuss
Waffenstationen	2 – 4 × Behälter für 70 mm Raketen
	8 – 16 × AGM-114 Hellfire
	2 – 4 × AIM-92 Stinger
Besatzung	2

Mi-28N Notschnij Ochotnik[176]

Die Mi-28A war das sowjetische Gegenstück zur amerikanischen AH-64A Apache. Als die Amerikaner begannen die allwetter- und nachtkampftaugliche AH-64D Longbow Apache zu entwickeln und absehbar wurde, dass die AH-64D spätestens Mitte der 90er-Jahren in Dienst gestellt werden würde, begann man sich im Hubschrauberentwicklungsbüro Mil Gedanken darüber zu machen, wie eine der AH-64D ebenbürtige Version der Mi-28 aussehen müsste.

Die Wirren der Perestroika und des anschließenden Zusammenbruchs der UdSSR verzögerten die Umsetzung dieser Pläne. Erst 1993 konnte die Attrappe einer nachtkampffähigen Mi-28 fertiggestellt werden. Die Attrappe besaß ein auf dem Rotorkopf montiertes Radargerät und deutlich verbesserte optische Sensoren, inklusive Nachtsichttechnik.

Eine staatliche Kommission begutachtete die Mi-28N[177] genannte Attrappe und befand, dass die neue Variante des Kampfhubschraubers über ein großes Potential verfügte. Der russische Staat konnte jedoch kaum Mittel aufbieten, um die Entwicklung der Mi-28N zu finanzieren.

Da es sich jedoch andeutete, dass die Mi-28A bereits in sehr naher Zukunft veraltet sein würde, wurde beschlossen die Entwicklung der Mi-28N zu genehmigen und soweit es ging auch zu finanzieren.

Die Arbeiten an der 28N begannen. Da sich Rotorsystem und Zelle der Mi-28 bewährt hatten und deshalb keine grundlegenden Änderungen am Design notwendig waren,

Mi-28N, hier ohne Mastradar. (Foto: Butowski)

Mi-28N, diesmal mit Mastradar.
(Foto: Butowski)

war es möglich sich bei der Schaffung der Mi-28N auf die elektronischen und optischen Komponenten zu konzentrieren.

Die Mi-28N erhielt ein modernes elektrooptisches Sichtsystem, das Luft- und Bodenziele zu jeder Tages- und Nachtzeit entdecken und automatisch verfolgen konnte. Ein Wärmebildgerät und Nachtsichtbrillen verbesserten die Nachtkampffähigkeit der Mi-28N beträchtlich.

Die 28N bekam ein neues vollstabilisiertes Gefechtsfeldbeobachtungs- und Zielverfolgungssystem für den Bordschützen.

Im Cockpit ersetzten Multifunktionsdisplays die meisten Rundinstrumente. Als Backup gab es aber noch einige Rundanzeigen, die zur Steuerung des Hubschraubers unbedingt notwendig waren.

Vollkommen neu war das radargestützte Mastvisier.[178] Es wurde durch eine aerodynamische Hülle aus Glasfaserwerkstoffen vor Witterungseinflüssen geschützt.

Die Mi-28N war mit einem hochkomplexen Computersystem ausgestattet, das die einzelnen Elektroniksysteme miteinander vernetzte. Über eine Datenverbindung war es möglich Zielinformationen mit anderen Hubschraubern, fliegenden Radarstationen oder Bodenleitstellen auszutauschen.

Höchsten Stellenwert hatte die Überlebensfähigkeit der Mi-28N. Ihre wichtigsten Systeme waren dubliert ausgelegt und gepanzert. Das Cockpit war so geschützt, dass es direkten Beschuss mit 20 mm Sprenggranaten oder panzerbrechenden 12,7 mm Geschossen widerstand. Dazu wurden alle Fensterscheiben aus Panzerglas gefertigt. Die Panze-

Mi-28N beim Start vom Flugplatz des Herstellerwerkes in Rostow am Don. (Foto: Anna Parchomenko)

rung des Rumpfes bestand zu großen Teilen aus keramischen Panzerplatten. Sie waren leichter als Stahl, aber genauso widerstandsfähig.

Die Mi-28N besaß ein modernes Radar- und Laserwarnsystem. Störkörperwerfer befanden sich in den Stummelflügelendbehältern.

Die Triebwerke wurden mit einem System zur Kühlung der Abgase ausgestattet, was die Erfassung durch wärmesuchende Raketen erschweren sollte. Die Abgase wurden nach unten ausgeblasen.

Die Mi-28N war mit einer 30 mm Kanone im Drehturm bewaffnet. Die Hauptbewaffnung der Mi-28N wurde an vier Pylonen unterhalb der Stummelflügel mitgeführt. Zur Bewaffnung zählten Startbehälter für ungelenkte Raketen unterschiedlichen Kalibers, Bomben, Brandmittelbehälter, Schüttwaffensysteme und Kanonenbehälter. Weiterhin gab es Vier- und Achtfachstarter für Panzerabwehrraketen. Für die Luft-Luft-Raketen waren Doppel- und Sechsfachstarter vorhanden.

Der Bau des ersten Mi-28N Prototyps zog sich bis ins Jahr 1996.

Die Serienfertigung begann 2006. Im Januar 2008 trafen die ersten Serienmaschinen bei der Truppe ein. In der Truppe erhielt die Mi-28N den Beinamen „Notschnij Ochotnik“, was in etwa „Nachtjäger“ oder „nächtlicher Jäger“ bedeutet. Die offizielle Übernahme in den Truppendienst erfolgte im Oktober 2009. Seitdem wird die Mi-28N in kontinuierlich steigender Stückzahl bei den russischen Streitkräften eingesetzt. Die Mi-28N erhielt ihre Feuertaufe Anfang 2016 beim russischen Eingreifen in den syrischen Bürgerkrieg

Vergleicht man die Mi-28N mit dem Tiger, so muss man – wie schon beim AH-64 – feststellen, dass beide Hubschrauber für unterschiedliche Einsatzszenarien entwickelt wurden. Der Tiger ist für den Kampf aus der Distanz optimiert.

Tarnung und Agilität sollen sein Überleben im modernen Gefecht sicherstellen. Die Mi-28 ist hingegen ein klassischer Kampfhubschrauber, der sowohl aus der Distanz, als auch im Nahkampf dem Gegner Paroli bieten kann. Bei der Mi-28 standen Feuerkraft und Panzerschutz im Fokus der Entwickler.

Die Mi-28 ist im Vergleich zum Tiger deutlich größer und massiger. Im Vergleich zur Mi-28 wirkte der Tiger schmal und zerbrechlich. Hinsichtlich ihrer Flugleistungen ist die

Technische Daten der Mi-28N	
Abmessungen	
Rotorkreisdurchmesser	17,20 m
Rumpflänge	16,89 m 17,01 m mit Kanone
Länge über alles	21,04 m
Spannweite	5,88 m
Höhe	3,82 m 4,73 m mit Radar
Rotorkreisfläche	232,35 m²
Rotorblattzahl	5-Blatthaupt-, 4-Blattheckrotor
Massen	
Leermasse	8.095 kg
Startmasse	11.000 kg
Max. Startmasse	12.100 kg
Treibstoffmenge	1.500 kg + Zusatzbehälter
Antrieb	2 × WK-2500
Startleistung	2 × 1.985 kW 2.697 PS
Flugleistungen	
Höchstgeschwindigkeit	300 km/h
Marschgeschwindigkeit	270 km/h
Reichweite	450 – 1.100 km
Gipfelhöhe	5.000 m
Steiggeschwindigkeit	bis 13,6 m/s
Bewaffnung	
Drehturm	1 × 30 mm Kanone 2A42 mit 250 Schuss
Waffenstationen	16 × PALR Ataka-W oder Schturm-W
	4 × Behälter für ungelenkte Raketen
	2 × Bomben oder KMGU
	2 × Kanonenbehälter 23 mm
	6 × Luft-Luft Raketen Igla
	4 × Zusatztanks je 550 l
Besatzung	2

Mi-28N im Feuerkampf. Gut hier zu erkennen die nach unten gerichteten Abgasrohre. (Foto: Soldatkin)

Mi-28 im Geradeausflug um einiges schneller. Für ihre Größe ist sie erstaunlich beweglich[179], doch der Tiger ist um einiges agiler.

Der Panzerschutz der Mi-28 ist herausragend und übertrifft den des Tigers um Längen. Die maximal zulässige Aufprallgeschwindigkeit einer Mi-28 liegt deutlich über der eines Tigers. Die Überlebenswahrscheinlichkeit der Piloten bei einem Absturz ist erheblich besser.

Beide Helikopter besitzen Störkörperwerfer zur Abwehr von Lenkwaffen. Die Mi-28 verfügt zudem über ein Infrarotstörgerät. Der Tiger hat eine solche Vorrichtung nicht.

Die Mi-28 kann eine größere Waffenpallette zum Einsatz bringen. Sie kann auch mehr und schwerere Waffen tragen. Hinsichtlich der Lenkwaffen ist die Mi-28 dem Tiger UHT unterlegen. Eine der PARS 3LR vergleichbare Panzerabwehrwaffe besitzt die Mi-28 nicht. Die Lenkwaffen der Tiger-Varianten HAD, HAD-E und ARH sind denen der Mi-28 ebenbürtig. Der Tigre HAP ist der Mi-28 waffentechnisch unterlegen.

Die optischen Systeme der Mi-28 sind denen der Tiger Varianten HAP, HAD, HAD-E und ARH ebenbürtig. Der Tiger UHT besitzt mit dem Mastvisier Osiris ein überlegenes optisches Sensorsystem.

Die Mi-28 wurde für das Mastradar Arbalet entwickelt. Die meisten Serienmaschinen besitzen dieses Radar jedoch nicht, so dass es de facto keinen Vorteil darstellt.

Alles in allem kann man feststellen, dass die Mi-28 robuster und vielfältiger einsetzbar ist. Der Tiger kann als Spezialist im Gefecht aus der Distanz glänzen.

Ka-52 Alligator

Die Ka-52 entstand aus der Ka-50. Die Ka-50 war ein revolutionäres Design. Sie konnte mit atemberaubenden Flugeigenschaften glänzen, war aber bei der eigenständigen Zielsuche eher unteres Mittelmaß.

Das russische Militär war mit der Ka-50 alles andere als zufrieden. Deshalb machte sich Kamow ans Werk eine zweisitzige Variante der Ka-50 zu entwerfen.

1994 wurde eine Attrappe der neuen Version gefertigt, um sie dem russischen Militär vorzustellen. Das Militär war nicht abgeneigt, denn der neue Hubschrauber wurde als Aufklärer und Formationsführer von Ka-50 Verbänden angepriesen. Er sollte mit einem Bodensuchradar ausgestattet werden, um gegnerischen Ziele zu suchen, zu finden und zu bewerten. Die Zielinformationen sollten über eine Datenfernübertragungsanlage an die Ka-50 Kampfhubschrauber übermittelt werden, die ihrerseits die Zielbekämpfung übernehmen würden. Zur Selbstverteidigung konnte die neue Version die gleichen Waffensysteme mitführen wie ein Ka-50 Kampfhubschrauber. Das Militär akzeptierte diesen Vorschlag. Das Projekt erhielt daraufhin die Bezeichnung Ka-52.

Berechnungen zeigten wenig später, dass es unmöglich war das Cockpit der Ka-52 genauso gut zu panzern, wie es bei der Ka-50 der Fall gewesen war. Das zusätzliche Gewicht des breiteren Cockpits, die größere Menge des zu verwendenden Panzerungsmaterials und natürlich das Gewicht des zweiten Besatzungsmitglieds würden zu einem schwer zu akzeptierenden Anstieg der Startmasse des Hubschraubers und einer Verschiebung des Masseschwerpunkts des Hubschraubers führen. Es wurde angenommen, dass sich die Flugeigenschaften der Ka-52 gegenüber der Ka-50 deutlich verschlechtern würden.

Deshalb wurde der Panzerschutz reduziert. Das Panzerglas aller seitlichen Scheiben wurde durch Plexiglas ersetzt, auf die Seiteneingangstüren wurde verzichtet. Der Zugang zum Cockpit erfolgte nun durch die von beiden Seiten nach oben öffnende Cockpithaube. Die Linienführung der Glaskanzel wurde vollkommen überarbeitet. Sie erhielt eine aerodynamisch günstigere Form. Weiterhin wurde die Glasfläche vergrößert, was zu einer deutlich verbesserten Sicht für die Besatzung führte.

Bei der Ka-52 sitzen die Piloten nebeneinander. Das ist für Kampfhubschrauber ungewöhnlich. (Foto: Alex Beltjukow)

Der Koaxialrotor ermöglich es des Ka-52 Flugmanöver zu fliegen, die andere Kampfhubschrauber nicht oder nur schwer nachvollziehen können. (Foto: Fjodor Letschin)

Das Cockpit wurde neu entworfen und entsprechend der neuesten Erkenntnisse gestaltet. Rundinstrumente wurden durch Multifunktionsanzeigen ersetzt.

Die Bugnase bekam eine neue, gefälligere Form. Von oben betrachtet erinnerte die Ka-52 in ihrer Form nun an einen Alligator. Der Begriff „Alligator" wurde zum offiziellen Beinamen des neuen Hubschraubers erkoren.

Die Serienfertigung begann 2009. Zwei Jahre später wurde die Ka-52 offiziell in den Truppendienst übernommen.

Die Ka-52 Alligator war ein zweisitziger Kampfhubschrauber mit Einziehfahrwerk, Stummelflügeln und koaxialem Rotorsystem, der in der Lage war sowohl selbständig, als auch als Anführer größerer Kampfhubschraubereinheiten zu fungieren. In letzterer Rolle sollte er für die anderen Kampfhubschrauber Ziele aufklären, identifizieren und sie ihnen zur Bekämpfung zuweisen.

Für diese Aufgabe besaß die Ka-52 eine hochmoderne Navigations- und Sensorausrüstung, sowie eine moderne Datenübertragungsanlage. Die Ka-52 war für die Bekämpfung sowohl harter, als auch weicher Ziele bestimmt, war aber auch in der Lage den Kampf gegen einen Luftgegner zu führen. Ihre Bewaffnung bestand aus Panzerabwehrlenkwaffen, Luftkampfraketen und Startbehältern für ungelenkte Raketen. Alle Lenkwaffen wurden in Mehrfachstartern mitgeführt. Darüber hinaus konnten zusätzliche

Eine Gruppe von Ka-52 im Flug. (Foto: Rostvertol)

Der Blick von vorn zeigt das ungewöhnliche Aussehen dieses Kampfhubschraubers. (Foto: Rostvertol)

Sensoren und elektronische Störgeräte in Zusatzbehältern unter den Stummelflügeln angebracht werden. Zum Selbstschutz besaß die Ka-52 eine in der Hochachse bewegliche 30 mm Bordkanone.

Zum Schutz der Besatzung und kritischer Bauteile verfügte die Ka-52 über einen Panzerschutz, der dem Beschuss panzerbrechender 12,7 mm Projektile und 20 mm Sprenggranaten standhalten konnte. Wichtige Bauelemente waren dubliert ausgelegt. Die doppelt vorhandenen Bauteile waren physisch weit voneinander getrennt, um eine gemeinsame Zerstörung durch einen einzelnen Treffer unmöglich zu machen.

Die Ka-52 besaß zur Pilotenrettung Katapultsitze. Diese konnten manuell vom Piloten oder vom automatisch arbeitenden Rettungssystem aktiviert werden. Bei Auslösung des Rettungssystems wurden Sekundenbruchteile vor dem Rettungsschuss die Rotorblätter abgesprengt und das Kabinenglas mit Sprengschnüren zerstört.

Die Ka-52 verfügte trotz ihrer Zweimann-Besatzung über einen ungewöhnlich hohen Automatisierungsgrad. Dieser war aber nicht ganz unproblematisch und führte mitunter zu folgenschweren Vorkommnissen[180].

Vergleicht man die Ka-52 mit dem Tiger so fallen gravierende Unterschiede in der Grundkonstruktion der Hubschrauber auf. Der Tiger ist ein Hubschrauber mit Tandemcockpit und klassischem Rotorsystem, bestehend aus Haupt- und Heckrotor. Bei der Ka-52 ist alles ganz anders. Sie ist ein Helikopter mit Koaxialrotorsystem. Die Besatzung sitzt im Cockpit nebeneinander.

Dank ihres Rotorsystems kann die Ka-52 Manöver fliegen, die klassische Hubschrauber nicht oder nur schwer fliegen können. In dieser Hinsicht ist sie dem Tiger überlegen. Andererseits ist die Agilität der Ka-52 begrenzt, weil bei zu rasant geflogenen Manövern die Gefahr besteht, dass sich die Rotorblätter beider Rotorkreise zu weit durchbiegen und sich gegenseitig beschädigen oder gar zerstören. Dies ist vor allem bei vertikalen Flugmanövern der Fall. Hier ist der Tiger der Ka-52 deutlich überlegen.

Das gelenklose Rotorsystem des Tigers ist sehr wartungsfreundlich, während das Koaxialrotorsystem der Ka-52 einen hohen Wartungsaufwand verursacht. Ein Pluspunkt für den Tiger.

Durch das Tandemcockpit des Tigers sind die Sichtbedingungen für beide Besatzungsmitglieder hervorragend, während sie bei der Ka-52 auf einer Seite eingeschränkt sind.

Der Tiger ist deutlich schlanker als die Ka-52 und bietet deshalb eine geringere Angriffsfläche. Er ist leichter. Dafür ist die Ka-52 schneller. Die Ka-52 hat einen überlegenen Panzerschutz.

Beide Hubschraubertypen verfügen über Störkörperwerfer zur Abwehr infrarotgelenkter Raketen und eine aktive Kühlung der Triebwerksabgase. Ein Infrarotstörgerät besitzt dagegen nur die Ka-52.

Die Ka-52 war als Kampfhubschrauber für die Decklandungsschiffe der Mistral-Klasse vorgesehen. Als Frankreich die Schiffe nicht an Russland auslieferte, verkaufte man die dazugehörigen Ka-52 an Ägypten. (Foto: Rostvertol)

Technische Daten der Ka-52	
Abmessungen	
Rotorkreisdurchmesser	14,50 m
Rumpflänge	15,00 m
Länge über alles	16,00 m
Höhe	4,93 m
Rotorkreisfläche	330,26 m^2
Rotorblattzahl	2 × 3-Blattkoaxialrotor
Massen	
Leermasse	7.750 kg
Startmasse	10.400 kg
Max. Startmasse	11.900 kg
Antrieb	2 × WK-2500
Startleistung	2 × 1.636 kW 2.223 PS
Flugleistungen	
Höchstgeschwindigkeit	305 km/h
Marschgeschwindigkeit	250 km/h
Reichweite	460 – 1.100 km
Gipfelhöhe	5.500 m
Steiggeschwindigkeit	bis 15,1 m/s
Bewaffnung	
Bordkanone	1 × 30 mm 2A42 mit 460 Schuss
Waffenstationen	4 × B-13 je 5 Raketen 122 mm
	4 × B-8 je 20 Raketen 80 mm
	4 × Bomben oder KMGU
	2 × Kanonenbehälter
	16 × PALR Wichr
	16 × PALR Ataka
Besatzung	2

Hinsichtlich ihrer Sensorik hat die Ka-52 den Vorteil über ein Radargerät zu verfügen. Sie kann deshalb zu jeder Tages- und Nachtzeit und unter allen meteorologischen Bedingungen, sowie bei starkem Rauch und dichtem Nebel Bodenziele suchen, finden und identifizieren.

Der Tiger verfügt nur über optische Sensoren, die in ihrer Qualität allerdings den russischen Optiken überlegen sind. Der Tiger UHT kann mit dem Mastvisier Osiris aus verdeckten Stellungen heraus Ziele aufklären und sich somit einer Gegenortung weitgehend entziehen. Die anderen Tiger-Varianten haben mit ihren oberhalb des Cockpits angebrachten Optiken die Möglichkeit teilweise hinter Sichthindernissen versteckt Aufklärung zu betreiben. Die Ka-52 muss sich hingegen vollständig enttarnen, um Ziele auf dem Gefechtsfeld zu finden und zu bekämpfen. Sie kann deshalb leichter vom Gegner erkannt werden als ein Kampfhubschrauber Tiger.

Die Waffenpallette der Ka-52 ist größer als die des Tigers. Hinsichtlich seiner Lenkwaffen ist der Tiger UHT der Ka-52 überlegen. Eine Waffe wie die PARS 3LR kann die Kamow nicht einsetzen. Die Tiger Varianten HAD, HAD-E und ARH sind von der Qualität der Lenkwaffenbewaffnung der Ka-52 ebenbürtig. Die Ka-52 kann jedoch mehr Lenkraketen mitführen. Der Tigre HAP ist der Ka-52 waffentechnisch unterlegen.

Als Fazit kann man sagen, dass die ungewöhnlich aussehende Ka-52 der universeller einsetzbare Kampfhubschrauber ist. Die Pluspunkte des Tigers liegen in seinen, im Vergleich zur Ka-52 besseren Tarneigenschaften und seiner größeren, durch nichts eingeschränkten Agilität.

Die Agusta A129 Mangusta hatte viele Ähnlichkeiten mit den frühen Entwürfen des PAH-2. (Foto: Mike Freerer)

A129 Mangusta

Die italienische Firma Agusta sammelte ihre ersten Erfahrungen im Hubschrauberbau mit der Lizenzfertigung amerikanischer Helikopter. Es waren vornehmlich Hubschrauber der Huey-Familie, die in Italien hergestellt wurden. Doch die Italiener beließen es nicht bei einem einfachen Lizenzbau, sie gingen auch daran, die Hubschrauber zu verbessern und eigenständige, auf den italienischen Bedarf zugeschnittene Varianten zu entwickeln. Ende der 1960er-/Anfang der 70er-Jahre war das italienische Know-How bereits so weit angewachsen, dass man sich zutraute, einen ersten eigenen Helikopter zu entwerfen. Es entstand die Agusta A109, eine Maschine, der man die Verwandtschaft zur Bell 206 Jet Ranger noch deutlich ansehen konnte.

Das italienische Militär hatte den amerikanischen Kampfhubschraubereinsatz in Vietnam aufmerksam verfolgt und zeigte ein gewisses Interesse an einem solchen Waffensystem. So wurde die Idee geboren, aus der A109 einen Kampfhubschrauber abzuleiten. Um dieses Vorhaben leichter umsetzen zu können, strebte man eine Kooperation mit der deutschen Firma MBB an. In Rom hegte man wohl den Hintergedanken, den neuen Kampfhubschrauber an die Bundeswehr liefern zu können. Doch die Vorstellungen wie ein Kampfhubschrauber auszusehen hatte, waren in Italien und der Bundesrepublik sehr verschieden. Die Italiener wollten einen echten Kampfhubschrauber, die Deutschen nur einen Panzerabwehrhelikopter. Die Italiener bestanden auf einem effektiven Panzerschutz, die Bundeswehr sah im Panzerschutz einen entbehrlichen Ballast.

Kurz und gut, man kam auf keinen grünen Zweig und die Wege trennten sich. In der Bundesrepublik entstand der PAH-1 auf Basis der Bo 105 und in Italien machte man sich daran, aus der A109 einen Kampfhubschrauber zu entwickeln.

Doch die Arbeiten an der A109-Kampfhubschraubervariante kamen nicht so gut voran wie erhofft. Der Hubschrauber war zu klein, um neben einem effektiven Panzerschutz auch noch Waffen tragen zu können. Deshalb wurde die bewaffnete Variante der A109 ohne jeglichen Panzerschutz gebaut und der angestrebte Kampfhubschrauber von Grund auf neu entwickelt. Das Kampfhubschrauberprojekt erhielt die Bezeichnung A129 Mangusta.

Die A129 war deutlich größer und stärker ausgelegt als die A109. Die Entwicklung des Kampfhubschraubers begann 1978. Der Jungfernflug des ersten Prototyps erfolgte fünf Jahre später am 11.09.1983. Die Flugerprobung zog sich bis ins Jahr 1990.

Dann begann die Serienfertigung. Im Oktober 1990 wurde die erste Serienmaschine fertiggestellt. Ursprünglich hatte das italienische Verteidigungsministerium geplant, mehr als 100 Mangustas anzuschaffen. Sie waren als Panzerabwehrhubschrauber vorgesehen und konnten sowohl gelenkte, als auch ungelenkte Raketen tragen. Ihre Aufgabe sollte darin bestehen, einen vermuteten Vorstoß sowjetischer Panzerverbände nach Venetien und in die Poebene hinein abzuwehren.

Doch die politischen Umwälzungen im Osten Europas machten den Beschaffungsplänen einen dicken Strich durch die Rechnung. Der Warschauer Vertrag löste sich auf. Die Bedrohung durch sowjetische Panzerverbände existierte de facto nicht mehr. Deshalb wurde 1991 die Zahl der zu beschaffenden A129 auf 60 reduziert. 45 Einheiten wurden fertiggestellt und ans Militär ausgeliefert. Dann stoppte man vorerst die Produktion.

1993 kam es zum ersten Kampfeinsatz der Mangusta. Er fand in Somalia statt. Hier sollten im Rahmen eines friedenerzwingenden Einsatzes der UNO Clankriege beendet und die zusammengebrochene staatliche Ordnung Somalias wieder aufgebaut werden.

In Somalia zeigte sich, dass die A129 sehr gut mit der rauen Einsatzumgebung zurechtkam. Sie konnte unter feldmäßigen Bedingungen gewartet werden, war zuverlässig und robust. Allerdings war die Bewaffnung des Panzerabwehrhubschraubers A129 Mangusta für die somalischen Verhältnisse nur suboptimal geeignet.

Der Einsatz ungelenkter Raketen zur Bekämpfung von Heckenschützen im urbanen Umfeld barg die Gefahr von Kollateralschäden, welche der zivilisierten Gesellschaft Europas nicht mehr zugemutet werden sollten. Der Einsatz von TOW-Lenkwaffen zum selben Zwecke war auf die Dauer viel zu teuer.

Deshalb wurde der Einbau einer Kanone gefordert. Zunächst behalf man sich mit einem Kanonenbehälter, der achsparallel an einem Aufhängepunkt unter den Stummelflügeln mitgeführt werden konnte. Diese Lösung erwies sich als ungünstig, weshalb man sich durchrang, eine echte Bordkanone einzubauen.

Nach Experimenten mit einem 12,7 mm MG entschlossen sich die Italiener die in der amerikanischen AH-1 Cobra bewährte 20 mm Gatling-Kanone M197 zu verwenden. Diese Waffe wurde fortan als TM197B in Lizenz gefertigt.

Weitere Verbesserungen betrafen den Einbau stärkerer Triebwerke, eines robusteren Getriebes, sowie die Nutzung eines Fünfblatthauptrotors. Das Waffensystem wurde ebenfalls überarbeitet. Es konnten nun, zusätzlich zu den bisher

Die A129 Mangusta ist ein leichter Kampfhubschrauber, der auch unter rauen Bedingungen einsatzfähig bleibt. (Foto: Agusta-Westland)

Hinsichtlich ihrer Sensorik kann sie aber dem Tiger nicht das Wasser reichen. (Foto: Matt Morgan)

Waffentechnisch ist die A129 Mangusta einem Tigre HAD durchaus ebenbürtig. (Foto: Agusta Westland)

vorhandenen Optionen, lasergelenkte Panzerabwehrraketen des Typs Hellfire und Luft-Luft-Raketen des Typs Stinger zum Einsatz gebracht werden.

Die neue Version der Mangusta bekam die Bezeichnung A129 International.

Die erste Mangusta International startete am 09.01.1995 zu ihrem Jungfernflug. Nach bestandener Erprobung wurden 14 weitere A129 Mangusta International gefertigt, so dass die ursprünglich avisierte Zahl von 60 zu bauenden Einheiten erreicht werden konnte.

Nachdem die Schwächen der ursprünglichen A129 in Somalia offenkundig geworden waren und durch das A129 International Projekt ausgemerzt werden konnten, entschloss sich das italienische Militär alle vorhandenen A129 zu modernisieren. Aus Kostengründen sollten die modernisierten Mangustas jedoch keine neuen Triebwerke erhalten, sondern die bisher verwendeten Rolls-Royce-Turbinen weiter nutzen.

Die umgerüsteten Maschinen erhielten die Typenbezeichnung A129CBT.

Tiefgreifend modernisiert und mit Bordkanone bewaffnet kam der Kampfhubschrauber A129 Mangusta in Afghanistan zum Einsatz, wo er sich im Kampf hervorragend bewährte.

1996 versuchte Agusta eine verbesserte Version der A129 an Großbritannien und die Niederlande zu verkaufen, scheiterte aber an der amerikanischen AH-64. Dafür konnte man sich mit einer T129 bezeichneten Version in der Türkei durchsetzen.

Die A129 Mangusta war ein zweisitziger, zweimotoriger Kampfhubschrauber mit schlankem Rumpf, Stummelflügeln, starren Dreipunktfahrwerk in Heckradkonfiguration. Sie besaß einen Vierblatthauptrotor und einen Zweiblattheckrotor. Die Besatzung saß hintereinander in einem vollständig gepanzerten Cockpit. Die wichtigsten Bauelemente des Hubschraubers waren gegen Beschuss aus 12,7 mm Waffen geschützt. Die Triebwerke waren beiderseits des Rumpfrückens angeordnet. Es kamen bei Piaggio in Lizenz gefertigte Rolls-Royce Gem-2-1004D Turbinen zum Einsatz.

Die Bewaffnung der A129 bestand aus ungelenkten Raketen und Panzerabwehrlenkwaffen des Typs TOW. Eine Bordkanone gab es nicht.

Die Weiterentwicklung A129 International konnte man leicht am nun vorhandenen Fünfblatthauptrotor und der 20 mm Bordkanone erkennen. Als Triebwerk wurde das deutlich stärkere LHTEC CTS800-4A mit 1.014 kW, sprich 1.377 PS Leistung verwendet.

Die Version A129CBT ähnelte der A129 International sehr, unterschied sich von dieser hauptsächlich durch die Beibehaltung der ursprünglichen Rolls-Royce Triebwerke.

Vergleicht man die Mangusta mit dem Tiger, so fallen viele Ähnlichkeiten auf. Beide Hubschrauber spielen in der gleichen Gewichtsklasse. Ihre Abmessungen sind fast identisch, wobei der Tiger genaugenommen ein wenig größer ist. Erste Entwürfe des H665 Tiger wiesen eine erstaunliche Ähnlichkeit mit der ersten Mangusta-Variante auf.

Die A129CBT Mangusta ist am ehesten mit dem Tiger ARH oder dem Tigre HAD zu vergleichen. Die Mangusta hat schwächere Triebwerke. Ihre Flugleistungen können nicht mit denen des Tigers mithalten. Auch sind die elektronischen und optischen Geräte der Mangusta nicht auf dem Niveau eines Tigre HAD. Das Sensorsystem des Tigers UHT ist dem der Mangusta überlegen.

Die Bewaffnung einer Magusta kann sich durchaus mit der eines Tigre HAD oder Tiger ARH vergleichen lassen. In Sachen Schlagkraft sind sich Mangusta und Tigre HAD nahezu ebenbürtig. Die Mangusta ist dem Tigre HAP waffentechnisch überlegen.

Der Tiger UHT verfügt mit der PARS 3LR über ein fortschrittlicheres Panzerabwehrraketensystem. Hier ist er jeder Mangusta-Version deutlich voraus. Dafür besitzt die Mangusta eine 20 mm-Kanone, um weiche Ziele auch außerhalb der Flugrichtung bekämpfen zu können.

Fazit: In Sachen Panzerbekämpfung hat der Tiger UHT die Nase vorn, bei der Bekämpfung weicher Ziele sind die modernen Mangusta-Varianten überlegen.

In Sachen Robustheit kann die Mangusta punkten. Sie hat in Somalia und in Afghanistan bewiesen, dass sie auch mit feldmäßigen Bedingungen zurechtkommt. Für den Betrieb eines Tigers unter feldmäßigen Bedingungen muss mehr Aufwand betrieben werden.

Alles in allem kann man sagen, dass die Mangusta der robustere Kampfhubschrauber ist, während der Tiger hinsichtlich seiner Flugcharakteristika, seiner Sensorik und Bewaffnung punkten kann.

Technische Daten der A129CBT Mangusta	
Abmessungen	
Rotorkreisdurchmesser	11,90 m
Rumpflänge	12,28 m
Länge über alles	14,29 m
Spannweite	3,20 m
Höhe	3,35 m
Rotorkreisfläche	111,2 m²
Rotorblattzahl	5-Blatthaupt-, 2-Blattheckrotor
Massen	
Leermasse	2.530 kg
Startmasse	3.655 kg
Max. Startmasse	4.600 kg
Antrieb	2 × RR Gem-2-1004D
Startleistung	2 × 664 kW / 902 PS (2 x 603 kW / 820 PS nach anderer Quelle)
Flugleistungen	
Höchstgeschwindigkeit	278 km/h
Marschgeschwindigkeit	230 km/h
Reichweite	510 km
Gipfelhöhe	4.725 m
Steiggeschwindigkeit	10,2 m/s
Bewaffnung	
Drehturm	1 × 20 mm Kanone M197 mit 500 Schuss
Waffenstationen	2 Behälter für 81 mm Raketen
	2 – 4 Behälter für 70 mm Raketen
	4 – 8 × AGM-114 Hellfire
	4 – 8 × BGM-71 TOW
	2 × MG Behälter 12,7 mm
Besatzung	2

Der T129 ATAK-Prototyp im Flug. (Foto: TAI)

T129 ATAK

2003 gaben die türkischen Streitkräfte eine Ausschreibung für die Beschaffung eines zukünftigen Kampfhubschraubers heraus. Zur Auswahl standen die Westland/Agusta A129 Mangusta, die russische Kamow Ka-50-2 und die südafrikanische Denel Rooivalk. Eurocopter war ursprünglich eingeladen worden, sich mit dem EC665 Tiger an der Ausschreibung zu beteiligen. Deutschland und Frankreich konnten sich jedoch nicht auf die Konditionen einigen, so dass Eurocopter auf die Teilnahme verzichten musste.

Im Wettbewerb setzte sich das Angebot von Westland/Agusta durch. Im 2007 geschlossenen Vertrag wurde festgehalten, dass die nun als T129 Atak bezeichnete Maschine weitestgehend in türkischen Werken in Lizenz gefertigt werden sollte.

Die T129 basierte auf der A129 Mangusta International, unterschied sich von dieser jedoch durch eine veränderte Sensortechnik und leistungsstärkere Triebwerke. Der Missionscomputer, Teile der Avionik und des Waffensystems, sowie das Helmvisier sollten von der türkischen Firma TAI selbständig entwickelt und in die T129 Atak integriert werden. Die Bewaffnung der Atak unterschied sich von der der Mangusta in der Art, dass der Hubschrauber zusätzlich für die Integration von in der Türkei entwickelten Waffensystemen vorbereitet wurde.

Es war geplant, nacheinander zwei Varianten der T129 zu bauen. Die erste Variante, TUC-1, sollte noch mit einem französischen Helmvisier TopOwl der Firma Thales und amerikanischen Panzerabwehrlenkwaffen AGM-114 Hellfire II ausgestattet werden. Beim darauffolgenden Standard TUC-2 wollte man den Hubschrauber vollständig mit türkischer Technik ausrüsten.

Die Flugerprobung des ersten T129-Prototypen begann im September 2009 bei Agusta in Italien. 2011 testete man erstmals einen vollständig in der Türkei gebauten Prototyp.

Es war geplant, 59 Maschinen bei der türkischen Armee in Dienst zu stellen. Ein weiterer Hubschrauber sollte als Testplattform genutzt werden. Eine Option zum Erwerb von 40 weiteren T129 wurde erteilt.

Ihre Feuertaufe erlebte die T129 Atak bei der Bekämpfung kurdischer Rebellen. Hier zeigte sich, dass die T129 nicht ganz so beschussresistent war, wie man es sich erhofft hatte.

Die Atak ist eine Weiterentwicklung der italienischen A129 Mangusta International. Wie diese ist sie ein leichter Kampfhubschrauber, der in der gleichen Gewichtsklasse wie der H665 Tiger spielt. Sie ist somit als direkte Konkurrentin des Kampfhubschraubers Tiger anzusehen.

Vergleicht man die Atak mit dem Tiger, so kann man feststellen, dass das Antriebssystem der modernen Tiger-Varianten stärker ist als jenes der Atak. Deshalb ist der Tiger etwas schneller als die Atak. Außerdem ist er beweglicher.

Bewaffnungstechnisch sind sich Tiger und Atak in etwa ebenbürtig. Nur der Tiger UHT hat mit der Panzerabwehrlenkwaffe PARS 3LR einen entscheidenden Vorteil gegenüber der T129 Atak.

Technische Daten der T129 Atak	
Abmessungen	
Rotorkreisdurchmesser	11,90 m
Rumpflänge	12,28 m
Länge über alles	14,60 m
Spannweite	3,49 m
Höhe	3,35 m
Rotorkreisfläche	111,2 m²
Rotorblattzahl	5-Blatthaupt-, 2-Blattheckrotor
Massen	
Leermasse	2.800 kg
Startmasse	4.000 kg
Max. Startmasse	5.000 kg
Antrieb	2 × LHTEC CTS800-4A
Startleistung	2 × 1.014 kW / 1.378 PS
Flugleistungen	
Höchstgeschwindigkeit	290 km/h
Marschgeschwindigkeit	270 km/h
Reichweite	560 km
Gipfelhöhe	6.100 m
Steiggeschwindigkeit	14,0 m/s
Bewaffnung	
Drehturm	1 × 20 mm Kanone M197 mit 500 Schuss
Waffenstationen	2 Behälter für 81 mm Raketen
	2–4 Behälter für 70 mm Raketen
	4–8 × AGM-114 Hellfire II
	4–8 × BGM-71 TOW
	2 × MG Behälter 12,7 mm
Besatzung	2

Der T129 ATAK-Prototyp von vorn. (Foto: TAI)

Auf einen effektiven Panzerschutz müssen beide Hubschraubertypen verzichten. Bei beiden Hubschraubern wird der Schutz vor Beschuss durch dublierte Systeme, selbstversiegelnde Tanks und das Bauprinzip, dass unwichtige Baugruppen so angeordnet werden, dass sie wichtige Baugruppen abschirmen, gewährleistet.

Die optischen Systeme der verschiedenen Tiger-Varianten sind qualitativ höher einzuschätzen als die des türkischen Kampfhubschraubers. Das trifft vor allem auf den Tiger UHT zu, der mit seinem Mastvisier über ein deutlich überlegenes Sensorpaket verfügt.

Fazit und ein Blick in die Zukunft

Ein Tigre HAP landet auf dem Flugdeck eines Landungsschiffs der französischen Marine.
(Foto: Armee de Terre)

Tiger ARH im Gegenlicht. (Foto: Australian Army)

Der Kampfhubschrauber Tiger ist noch ein Kind des Kalten Krieges. Seine Entwicklung begann in den 1980er-Jahren, auf dem Höhepunkt der Spannungen zwischen NATO und Warschauer Vertrag. Der Tiger sollte auf den potentiellen Schlachtfeldern in der Mitte Europas zum Einsatz kommen. Dementsprechend wurde er ausgelegt.

Als der Ost-West-Konflikt mit der politischen Wende im Osten Europas in überraschend kurzer Zeit wegfiel, kam dem deutschen Tiger der Gegner abhanden. Die Panzermassen, zu deren Abwehr er ursprünglich vorgesehen war, lösten sich auf und waren schlichtweg nicht mehr vorhanden. Die Entwicklung des Tigers wurde deshalb in Frage gestellt und zog sich nahezu unendlich in die Länge. Die Zahl der durch die Bundeswehr zu beschaffenden Helikopter wurde sukzessive immer weiter reduziert. Auch Frankreich strich die Zahl der zu beschaffenden Tigre rigoros zusammen. Von den über 400 Maschinen allein für Frankreich und Deutschland zu bauenden Tigern wurde nicht einmal die Hälfte realisiert. Exporte nach Spanien und Australien reichten nicht aus um den Auftragsrückgang auszugleichen. Weitere Exportkunden konnten nicht gewonnen werden.

Das stellte den Hersteller vor große Probleme, denn eine Großserienfertigung konnte nicht aufgenommen werden. Die zu erwartenden Skaleneffekte einer Serienfertigung, die sich unter anderem in Kostenersparnis und höheren Fertigungsgeschwindigkeit ausdrücken, ließen sich nicht realisieren. Der Bundesrechnungshof resümierte 2006 dazu: *„Die angestrebten technisch-wirtschaftlichen Vorteile der Partnerschaft mit Frankreich und Spanien traten nicht wie erhofft ein. Die notwendigen Abstimmungen brachten Zeitverzögerungen mit sich. Durch die großen technischen Unterschiede der nationalen Hubschrauberversionen verteuerte sich die Logistik, z.B. bei der Ersatzteilbeschaffung.“*

Kostensteigerungen und Lieferverzögerungen waren deshalb vorprogrammiert. Die Einführung in die Truppe verzögerte sich um Jahre. Die gelieferten Hubschrauber hatten mitunter stark voneinander abweichende Lieferzustände, was die Ersatzteilversorgung zu einem Albtraum werden ließ. Unzufriedenheit machte sich in der Truppe breit.

Als der Tiger UHT auf Auslandseinsätze geschickt werden sollte, stellte man fest, dass er für diese Aufgabe nur unzureichend geeignet war. Er musste auf einen neuen Einsatzstatus aufgerüstet werden. Das kostete natürlich wieder Zeit und Geld.

Im Auslandseinsatz wurde der Tiger UHT vor allem zur Aufklärung und als Begleitschutz von Bodentruppen eingesetzt. Zum scharfen Schuss scheint er nie gekommen zu sein. Die Androhung von Waffengewalt mittels einer „Show of Force“ reichte in der Regel aus, um die Aufständischen in Afghanistan und Mali abzuschrecken.

Doch auch diese Einsätze standen in der Kritik, denn in der Zwischenzeit hatte sich die Waffentechnologie weiterentwickelt. Die Aufgaben, die der Tiger UHT in Afghanistan und Mali erledigte, konnten billiger, kostengünstiger und effizienter mit Drohnen ausgeführt werden.

Dennoch ist die Geschichte des Kampfhubschraubers Tiger UHT noch lange nicht vorbei. Er mochte für die Einsätze, in die er geschickt wurde, suboptimal geeignet sein, doch führte die Wiederkehr des Kalten Krieges zwischen der NATO und Russland dazu, dass die Ursprungsgegner des Tiger UHT, die russischen Panzermassen, wiedererstarkten.

Zur Abwehr starker Panzerverbände war und ist der Kampfhubschrauber Tiger UHT nahezu optimal geeignet. Und in dieser Rolle wird er in der nahen Zukunft auch weiterhin Verwendung finden.

Man kann davon ausgehen, dass der Tiger UHT bis zur Mitte des Jahrhunderts im Dienst der Bundeswehr stehen wird. Ob die Kampfhubschrauber der Bundeswehr allerdings auf den neuen Standard Tiger Mk.3 aufgerüstet werden ist zum Zeitpunkt der Drucklegung dieses Buches noch ungewiss.

Interessant sind in diesem Zusammenhang Zeitungsberichte aus dem Jahr 2021, die andeuten, dass die die Bundesregierung im Frühjahr 2020 bei den Amerikanern um Informationen über den Kampfhubschrauber AH-64E nachgefragt hätte. Dabei sei es sowohl um dem Preis des Apache Guardian gegangen, als auch um dessen Verfügbarkeit und den Zeitpunkt einer potentiellen Lieferung an die Heeresflieger der Bundeswehr. Sollten die Berichte stimmen, könnte die Bundesrepublik Deutschland nach Australien die zweite Nutzernation des Kampfhubschraubers Tiger werden, die aus dem Programm aussteigt.

Die französischen Tigre hatten von Anfang an zwei Aufgaben zu übernehmen. Zum einen sollten sie den Kampf auf dem mitteleuropäischen Schlachtfeld aufnehmen können. Zum anderen sollten sie französische Interessen in der Dritten Welt durchsetzen helfen. Dementsprechend wurden zwei unterschiedliche Versionen des französischen Tigers geplant und entwickelt. Als der Kalte Krieg abrupt endete, verabschiedeten sich die Franzosen schnell von der Panzerabwehrvariante ihres Tigers und fokussierten sich darauf, ihren Tiger für Einsätze in der Dritten Welt zu optimieren. Diese Tiger-Variante stellte ihren Wert in Afghanistan, Libyen und Mali im scharfen Schuss unter Beweis. Für diese Krisenregionen war der französische Tiger optimal ausgelegt.

Nach dem Libyen-Einsatz kamen die Franzosen allerdings zur Erkenntnis, dass die Panzerabwehr doch zu den Fähigkeiten gehört, die ein moderner Kampfhubschrauber unbedingt beherrschen sollte. Deshalb wurden die französischen Tiger auf den Standard HAD bzw. HAD Mk.2 modernisiert. Frankreich ist auch an einer weiteren Modernisierung seiner Tiger-Flotte interessiert. Das Tiger Mk. 3-Programm, das Airbus Helicopters aufgelegt hat, dürfte in Paris auf großes Interesse stoßen.

Die französischen Tigre-Kampfhubschrauber bilden die Speerspitze der ALAT, der französischen Armeefliegerkräfte. Sie werden auch in Zukunft helfen Frankreichs Interessen weltweit durchzusetzen.

Die Zukunft der australischen Tiger sieht dagegen düster aus. Australien, der einzige echte Exportkunde des Tigers, war alles andere als zufrieden mit diesem Kampfhubschrauber. Er erwies sich als zu wartungsaufwendig, zu teuer im Unterhalt und erreichte eine unzureichende Einsatzbereitschaft. Deshalb beschlossen die Australier ihre Tiger auszumustern und planten ihn durch einen anderen Kampfhubschrauber zu ersetzen. In naher Zukunft werden die australischen Tiger wohl nur noch in Museen zu besichtigen sein. Ihren Platz sollen zukünftig AH-64E Apache Guardian einnehmen.

Vielleicht gäbe es aber für die australischen Tiger doch noch so etwas wie ein zweites Leben und zwar dann, wenn sich eine andere Betreibernation dazu durchringen könnte, den Tiger ARH zu übernehmen. Für Deutschland würde es sich zum Beispiel anbieten, den Australiern den Tiger ARH abzukaufen. Mit dem ARH ließen sich Auslandseinsätze wie in Mali absichern, während der Tiger UHT weiterhin mit seinen unbestrittenen Stärken bei der Landes- und Bündnisverteidigung aufwarten könnte. Auch Frankreich könnte an einer Übernahme der australischen Tiger ARH interessiert sein, zumal es viele Gemeinsamkeiten zwischen Tiger ARH und Tigre HAD gibt.

Um die Zukunft des Kampfhubschraubers Tiger sicherstellen zu können, entwickelt der Hersteller seit einigen Jahren ein Modernisierungspaket, das Tiger Mk.3 genannt wird. Mit ihm soll der Einsatz des Hubschraubers bis weit in die 2040er-Jahre gewährleistet werden. Tiger Mk.3 stellt eine deutlich verbesserte Version des Kampfhubschraubers dar. Im Tiger Mk.3 sollen modernste elektro-optische Sichtsysteme zum Einsatz kommen. Es ist daran gedacht das Navigationssystem so auszulegen, dass nicht nur das amerikanische GPS, sondern auch das europäische Galileo-System unterstützt wird. Neue Waffensysteme sollen ebenfalls in den Tiger Mk.3 integriert werden. Frankreich denkt zum Beispiel über einen Ersatz für die amerikanische Hellfire-Rakete nach.

Auch moderne Elektronikkomponenten machen den Tiger Mk.3 fit für das zukünftige Gefecht der verbundenen Waffen. Der Tiger Mk.3 wird deutlich besser im Datenverbund mit anderen Waffensystemen handeln können. Dazu werden auch Drohnen gehören, die in der Zukunft als sogenannte „loyal wingmen" den Tiger vor drohenden Gefahren absichern sollen. So können Drohnen zur Aufklärung in potentiell gefährliche Gebiete vorgeschickt werden. Bewaffnete Drohnen können – vom Tiger ferngesteuert – aus sicherer Entfernung die Bekämpfung des Gegners übernehmen.[181]

Diese Entwicklung kann man jedoch durchaus mit Sorge betrachten, denn der Entwicklungsweg der Drohnen bewegt sich ohnehin unaufhaltsam in Richtung autonom und im Schwarm agierender Kampfgeräte. Die Vision von selbständig handelnden, fliegenden Killerrobotern ist aus naheliegenden Gründen mehr als beunruhigend.

Schlusswort

Dieses Buch wendet sich an den geneigten Leser, den Laien, der einen kleinen Einblick in die Welt des Kampfhubschraubers Tiger gewinnen möchte. Es wendet sich nicht an den Ingenieur oder Militär, der ständig mit dem Tiger zu tun hat. Es ist kein Handbuch, in dem geschrieben steht, welchen Zweck welche Schraube oder Niete hat.

Ich habe das Buch ganz bewusst im populärwissenschaftlichen und hoffentlich leichtverständlichen Stil geschrieben. Viele kryptische Abkürzungen, die heutzutage im Militär Alltag sind, habe ich deshalb versucht, ins Deutsche zu übertragen. Das mag auf den ersten Blick ungewohnt zu sein, dient aber der besseren Verständlichkeit der Materie.

Ich bin mir auch vollauf bewusst, dass im Text dieses Buches eine gewisse Redundanz vorhanden ist. Wenn man das Buch von Anfang bis zum Ende durchliest, wird man schnell darauf stoßen, dass manche Fakten mehrfach wiederholt werden. Das ist so gewollt, denn ich weiß, dass ein Buch wie dieses gern als Nachschlagewerk verwendet wird und sich viele Leser nur auf die sie interessierenden Kapitel konzentrieren. Ohne die Redundanz der Erzählung würden diesen Lesern Teile der Geschichte entgehen.

Der Kampfhubschrauber Tiger ist unbestritten ein Meisterstück der Ingenieurskunst. Das steht außer Frage. Er ist eine geniale Konstruktion, die mit herausragenden Flugeigenschaften zu glänzen vermag.

Wer den Tiger einmal bei einer Flugshow erlebt hat, ist von dessen Agilität unweigerlich schwer beeindruckt. Es ist imponierend, mit welcher Leichtigkeit sich der Tiger am Himmel bewegt. Und dabei sind es keine speziell hochgezüchteten Prototypen, die bei den Flugshows ihre Agilität unter Beweis stellen. Es sind Serienmaschinen, die direkt aus den Truppenteilen kommen.

Der Tiger ist beweglich wie kein zweiter Helikopter; mit seiner Flugakrobatik stellt er so manchen Kunstflughubschrauber in den Schatten. Und man vergisst beim faszinierten Zuschauen sehr schnell, dass es sich bei diesem Hubschrauber nicht um ein Spielzeug für große Jungs und Mädchen handelt. Bei aller Faszination für die Technik, die ich sehr gut verstehe und auch teile, darf man niemals vergessen, dass der Kampfhubschrauber Tiger kein Sportgerät ist. Er ist eine Waffe, eine effiziente, tödliche Waffe. Dafür wurde er entwickelt und gebaut. Die französischen Tigre haben ihre Fähigkeiten im Ernstfall zur Genüge unter Beweis gestellt. Sie haben energisch und effizient zugeschlagen.

Dem deutschen Tiger war es bisher vergönnt, seine Waffen noch nie im scharfen Schuss einsetzen zu müssen. Ich hoffe, dass das auch so bleiben möge, denn das Beste, was man von einer Waffe sagen kann ist: „Ich habe sie nie im Zorn einsetzen müssen."

Michael Normann

Endnoten

[1] Der elektromagnetische Impuls, kurz EMP, gehört zu den Wirkungen einer Kernwaffenexplosion. Er erzeugt eine Überspannung in elektrischen Leitungen, die dazu führt, dass elektrische und elektronische Bauteile durchbrennen und versagen.

[2] Hochwertziele sind Panzer, Kernwaffeneinsatzmittel, Führungskräfte, Hubschrauber etc.

[3] Dieser Trend betraf nicht nur die westeuropäischen Staaten. Auch im Warschauer Vertrag wurden Panzerabwehrhubschrauber entwickelt. Und zwar von Polen und Rumänien.

[4] Der Algerienkrieg wurde von 1954 bis 1962 ausgetragen.

[5] Die Paras genannten Fallschirmjäger galten als französischer Eliteverband. Es gab aber auch Fallschirmtruppen der Fremdenlegion, die ebenfalls in Algerien eingesetzt wurden.

[6] Wie groß diese Überlegenheit tatsächlich war blieb stets ein Streitpunkt zwischen den Diplomaten von Ost und West. Bei diversen Zahlenspielereien wurde von beiden Seiten massiv getrickst. Man rechnete die eigene Stärke klein, während man die Zahl der Feindpanzer künstlich erhöhte. So schafften es westliche Diplomaten in einem besonders krassen Fall kreativer Zählweise eine erdrückende Überlegenheit von 10 zu 1 zugunsten des Warschauer Vertrages zu konstruieren, indem sie jeden Panzer, der zwischen Elbe und Stillem Ozean herumfuhr, aufzählten. Sowjetische Panzer, die in Afghanistan kämpften oder bei Wladiwostok an der chinesischen Grenze standen, wurden ebenso aufgelistet, wie Fahrzeuge, die in Museen aufbewahrt wurden, als Hartziele auf Übungsplätzen Verwendung fanden oder als Denkmäler in den Weiten des sowjetisch dominierten Raumes herumstanden. Und davon gab es tausende. Interessanterweise wurden sogar die beiden T-34/76, die vor dem sowjetischen Ehrenmal in Westberlin standen, in die Berechnungen einbezogen.

Auf der eigenen Seite zog man von den im Westen vorhandenen Fahrzeugen erst einmal alle französischen Panzer ab, weil die offiziell nicht der NATO unterstanden. Das gleiche machte man mit den spanischen Panzern aus vergleichbarem Grunde. Dann wurden nur die amerikanischen Panzer mitgezählt, die in Westeuropa vorhanden waren und auch dann nur wenn sie zur Army gehörten. Die Panzer der Marineinfanterie zählte man nicht mit, weil diese ja offiziell nicht den Landstreitkräften, sondern den Seestreitkräften zuzuordnen waren. Außerdem wurden alle Panzer, die in Depots als Mobilisierungsreserve standen glatt unterschlagen. So kam man zu einer gigantischen Überlegenheit von 10 zu 1 für den Warschauer Vertrag. In der Realität waren es eher 3 oder 2 zu 1.

Die andere Seite war aber auch nicht wirklich besser. So „versteckte" die DDR noch 1989 ein ganzes mot. Schützenregiment indem sie die Einheit einfach zur „Marineinfanterie" umdeklarierte. Aus gleichem Grund wurde ein Jagdbombenfliegergeschwader der Volksmarine zugerechnet und nicht den Luftstreitkräften. Es tauchte fortan nicht mehr in den Zahlen der Luftstreitkräfte auf und unterlag damit auch nicht mehr der Verhandlungen zur Verminderung der Land- und Luftstreitkräfte in Europa.

[7] Aussprache: „Ga-sell"

[8] Zunächst wurde der Panzer nur als Leopard bezeichnet. Erst später, als Mitte der 1970er-Jahre der Leopard 2 entwickelt wurde, erhielt der erste Leopard die Bezeichnung Leopard 1.

[9] Der entscheidende Punkt war die Zahl der Triebwerke. Für die Bundeswehr wurde ein Hubschrauber mit zwei Triebwerken gefordert. Die Bo 105 hatte zwei. Die Gazelle hatte nur eins, weshalb sie von vornherein ausschied.

[10] Als Hochwertziele gelten Panzer, Hubschrauber, Kernwaffeneinsatzmittel, Führungsfahrzeuge und ähnliches.

[11] Außerdem war der Lenkwaffenvorrat begrenzt und Skeptiker mutmaßten, dass die Sowjets mehr Panzer zur Verfügung hätten als die NATO-Armeen Raketen zu deren Abwehr.

[12] Bundesministerium für Verteidigung, benannt nach seiner damaligen Bonner Adresse.

[13] Die erste Panzerabwehrlenkrakete wurde während des 2. Weltkriegs in Deutschland entwickelt. Das „Rotkäppchen" genannte Waffensystem wurde aber nicht mehr einsatzreif. „Rotkäppchen" ähnelte einem düsengetriebenen Modellflugzeug.

[14] Ende der 1970er-Jahre wurde diese Vorstellung ad acta gelegt und eine neue Taktik entwickelt. Sie wurde mit dem Kampfhubschrauber AH-64 Apache umgesetzt.

[15] Die AH-56 Cheyenne war die ursprüngliche Siegerin der Ausschreibung für einen Kampfhubschrauber der US-Army. Weil sich ihre Entwicklung immer weiter verzögerte wurde als Notlösung für den Vietnamkrieg die AH-1 Cobra entwickelt.

[16] Die AH-56A Cheyenne war der einzige Kampfhubschrauber der zwei Bordkanonen besaß. Sie konnten sowohl vom Bordschützen, als auch vom Piloten eingesetzt werden. Im Bedarfsfall war es möglich die Waffen auf unterschiedliche Ziele zu richten.

[17] Mehr zur Mi-24, ihrer Entwicklungsgeschichte und ihres Einsatzes findet der geneigte Leser in meinem Buch „Mi-24", das ebenfalls im Motorbuchverlag erschienen ist.

[18] Wobei die Konzeption der Mi-24 noch darüber hinausging. Man bezeichnete diesen Helikopter als fliegenden Schützenpanzer, der Soldaten ins Gefecht fliegen sollte und diese im Kampf direkt zu unterstützen hatte. Die Mi-24 galt somit als fliegende Variante des Schützenpanzers BMP.

[19] Mancherorts wurde schon der Abgesang auf die Panzerwaffen angestimmt. Es wurden aber neue Panzerungsarten entwickelt, die durchaus in der Lage waren der Bedrohung durch Panzerabwehrlenkwaffen zu widerstehen. Diese mehrschichtigen Panzerungen kamen erstmalig beim sowjetischen T-64 zum Einsatz.

[20] Man nannte dieses Lenkverfahren Dreipunktlenkung oder im NATO-Abkürzungsdschungel MCLOS.

[21] Zu den Kursmanövern gehörte nicht nur das Zick-Zack-Fahren, sondern auch der Versuch Hindernisse, wie Gebäude, Büsche oder Bäume zwischen sich und die Rakete zu bringen.

[22] Dazu hatten die sowjetischen Panzer eine Nebelanlage bei der Diesel in den Auspuff gespritzt wurde und dort zu einem dichten weißen Nebel verdampfte. Später wurden zusätzliche Nebelbecher an den Panzertürmen installiert. Sie konnten in Richtung der anfliegenden Raketen abgeschossen werden und nahmen den Lenkschützen die direkte Sicht auf das Ziel.

[23] Die tote Zone wird auch Mindestreichweite genannt. In der toten Zone fliegt eine Lenkwaffe nur ballistisch und kann nicht gesteuert werden. Bei der ersten Generation der Panzerabwehrlenkwaffen konnte diese tote Zone 1.000 m und mehr betragen.

[24] Um nur drei zu nennen: Flüsse, Waldgebiete und feuchte Wiesen.

[25] Das Zweipunktlenkverfahren wird auch halbautomatisches Lenkverfahren oder SACLOS genannt.

[26] Als Panzerraid wird die Operation eines Panzerverbandes in der Tiefe des gegnerischen Raumes bezeichnet. Er ist sehr dynamisch, weshalb große Distanzen zurückgelegt werden können. Der Wehrmacht gelang es 1940 und 1941 mehrfach Panzerraids durchzuführen. 1945 vollführte die Rote Armee einen Panzerraid von der Weichsel zur Oder und im Zweiten Golfkrieg gelang es den Amerikanern ihre Truppen in Form eines Panzerraids durch die Wüste bis nach Bagdad vorstoßen zu lassen. Die beim Panzerraid am Tag zurückgelegten Wegstrecken hängen davon ab wie gut die vorstoßenden Truppen mit Treibstoff und Munition versorgt werden können. Im Allgemeinen nimmt man an, dass es maximal 150 km am Tag sein können, weil sonst die Rückwärtigen Dienste den Kampftruppen nicht mehr folgen können.

[27] Fla-Raketen ▸ Flugabwehrraketen. In der Bundeswehr als Fla-Rak bezeichnet.

[28] Fla-SFL ▸ Flugabwehrselbstfahrlafette. In der Bundeswehr als Flakpanzer bezeichnet.

[29] Das war eher Hoffnung als Gewissheit. Die gegnerische TLA hatte genügend Radarsysteme, die einen Panzerabwehrhubschrauber auch auf große Distanz orten konnten. Die Bekämpfung der PAH war ein Ausbildungsschwerpunkt der Truppenluftabwehr.

[30] Die Quellenlage ist sehr unterschiedlich und deshalb sind die Zahlen mit gebührender Vorsicht zu genießen. Dass die Zahlen so hoch sein konnten lag aber auch daran, dass die israelische Armee keine leistungsfähige Truppenluftabwehr besaß. Israel verließ sich lieber auf eine starke Luftwaffe zum Schutz der eigenen Bodentruppen. Anfang der 1980er-Jahre war es aber für Jagdflugzeuge nur schwer möglich Hubschrauber, die in Erdbodennähe operierten, zu bekämpfen.

[31] Das wurde als notwendig erachtet, weil bei sowjetischen Mi-24 in der DDR die Ausrüstung mit Luftkampfraketen R-60 (NATO Code: AA-8 Aphid) beobachtet wurde.

[32] Das entsprach dem damaligen Gusto der Zeit. Im Rahmen europäischer Zusammenarbeit entstand mit Frankreich das Trainings- und leichte Kampfflugzeug Alpha-Jet. Mit Großbritannien und Italien entwickelte man das Kampfflugzeug MRCA, das später als Tornado in den Truppendienst überführt wurde.

[33] Die Agusta A109 war der erste vollständig in Italien entwickelte Hubschrauber. Er erinnerte im Design an die amerikanische Bell 206.

[34] Die SA342 Gazelle war mit Panzerabwehrlenkwaffen des Typs HOT ausgerüstet. Diese Waffe war eine deutsch-französische Gemeinschaftsentwicklung. Dass mit dieser Waffe israelische Soldaten getötet wurden, wurde in der jüdischen Community mit Verweis auf die Shoa als unfreundlicher Akt gewertet.

[35] Diese Hoffnung erfüllte sich letztendlich nicht. 2006 stellte der Bundesrechnungshof fest: *„Die angestrebten technisch-wirtschaftlichen Vorteile der Partnerschaft mit Frankreich und Spanien traten nicht wie erhofft ein. Die notwendigen Abstimmungen brachten Zeitverzögerungen mit sich. Durch die großen technischen Unterschiede der nationalen Hubschrauberversionen verteuerte sich die Logistik, z.B. bei der Ersatzteilbeschaffung.“*

[36] Durch Ausgliederung der Hubschraubersparten beider Unternehmen entstand 1992 die Firma Eurocopter, die Teil des EADS Konzerns war. 2014 wurde EADS zur Airbus Group, weshalb Eurocopter in Airbus Helicopters umbenannt wurde. Die Typenbezeichnung des Tigers wandelte sich deshalb von EC665 zu H665.

[37] Mitunter auch als HAC3G bezeichnet.

[38] Bei einem Umtauschkurs von 1,95583 DM/Euro ergibt sich eine Summe von 9,2 Mrd. Euro.

[39] Kaum jemand würde sich privat ein teures Auto zulegen, das er nicht zuvor zur Probe gefahren hätte und von dem es nur Hochglanzprospekte, Modelle und Berechnungen gäbe. Bei der Beschaffung von teurer Militärtechnik ist dieses Vorgehen jedoch Standard. Ein Grund hierfür dürfte sein, dass die entscheidenden Politiker nicht ihr eigenes Geld riskieren, sondern das Geld des Steuerzahlers. Deshalb greifen sie gern zu „Goldrandlösungen“, die sich letztendlich fast immer als teuer und ineffizient herausstellen.

[40] Großbritannien hatte eine Zeitlang ein Interesse am Projekt Tiger gezeigt. Allerdings beschränkte sich das Interesse auf den Tigre HAC, weil der Tigre HAP keine Fähigkeit zur Panzerbekämpfung besaß. Den deutschen PAH-2 würdigten die Briten mit keinem Blick. Zu eingeschränkt erschien ihnen das Leistungsprofil dieses Hubschraubers. Als der HAC dem PAH-2 angeglichen wurde verlor Großbritannien das Interesse am Projekt Tiger, was wohl auch daran gelegen haben mag, dass man weder in Bonn, noch in Paris gewillt war den Briten ein gleichberechtigtes Mitspracherecht bei der Projektentwicklung zuzugestehen. Deshalb wandte sich Großbritannien zunächst der italienischen Agusta A129 zu, die zusammen mit Spanien und den Niederlanden zu einem europäischen Kampfhubschrauber weiterentwickelt werden sollte. Als auch diese Zusammenarbeit scheiterte beschaffte Großbritannien die AH-64 Apache.

[41] Die Wartung und Überholung der Mi-24 der NVA wurde in der Flugzeugwerft Dresden durchgeführt.

[42] Bei der Flugerprobung der Mi-24 trat ein Phänomen auf, das in der russischen Fachsprache „gollandski schag“ genannt wurde. Dabei traten Eigenbewegungen des Hubschraubers um alle drei Achsen auf, die nur durch heftiges Gegensteuern des Piloten zu beherrschen waren. Der Hubschrauber „eierte“ also beim Auftreten dieses Phänomens heftig in der Luft herum. Es dauerte eine geraume Zeit bis das Problem gelöst werden konnte.

[43] Die Zahl der für die Bundeswehr zu beschaffenden Tiger wurde im Laufe des Jahres 1993 auf 80 reduziert.

[44] Der Hersteller versprach diese Hubschrauber später auf den vollen Ausrüstungsstand nachzurüsten. Das kostete natürlich wieder Zeit und Geld. Es führte aber auch zu erheblichen Ersatzteilproblemen, weil für die zuerst gefertigten Tiger bald keine Ersatzteile vorhanden waren und sie mühsam auf den modernsten Stand nachgerüstet werden mussten.

[45] Frankreich verzichtete auf den Panzerabwehrhubschrauber HAC und wollte stattdessen den HAP panzerabwehrfähig gemacht haben. Deutschland forderte den UHT in die Lage zu versetzen ungelenkte Raketen und MG-Behälter einsetzen zu können.

[46] Die Truppenluftabwehr wurde aus verschiedenen Fla-Waffensysteme unterschiedlicher Reichweite gebildet. Sie begleitete die Panzer- und mot. Schützenverbände und sicherte sie gegen Luftangriffe ab.

[47] Zu den Maßnahmen gehörte die Auswahl des Materials, das die Radarwellen teilweise schluckte, aber auch die Formgebung, die die Radarwellen vom Radarempfänger wegreflektieren sollte.

[48] Die Firma Westland hatte ab den späten 60er-Jahren an Kampf-

hubschrauberprojekten gearbeitet. Ein direkter Vorläufer der P.277 war das Projekt „Wildcat", das wie die P.277 auf der Lynx basierte.

49 In Bremen wurde ein Windkanalmodell des Hubschraubers gebaut und intensiv untersucht.

50 Standschwebe ▸ engl. Hovering oder im Bundeswehrdenglish: hovern

51 FLIR ▸ **F**orward **L**ooking **I**nfra **R**ed. ▸ Ein Nachtsichtgerät auf Wärmebildbasis.

52 Zum Einsatz kommt der Knighthelm, ein Pilotenhelm aus britischer Produktion. Die Kombination von Helmvisier und FLIR ermöglicht eine überlegene Nachtsichtfähigkeit, verglichen mit den Restlichtverstärkern am TopOwl-Helm eines französischen Tigre-Piloten. Ins Sichtfeld des Knighthelmes werden auch alle für den Flug und den Kampf notwendigen Informationen eingespiegelt.

53 Die Bundeswehr wurde seit 2001 in Afghanistan im Rahmen der ISAF eingesetzt. Im Frühjahr 2021 wurden die letzten deutschen Soldaten vom Hindukusch abgezogen.

54 Es sollte eine 27 mm Bordkanone der Firma Rheinmetall eingebaut werden. Diese Kanone verwendete hülsenlose Munition.

55 Leser die dieses Argument für nicht stichhaltig halten können gern einen kleinen Eigenversuch anstellen. Sie nehmen dazu ihr ganz privates Smartphone und lassen es aus etwa einem Meter Höhe auf eine Betonfläche fallen.

56 **Asgard**, Abkürzung für **A**fghanistan **S**tabilization **G**erman **A**rmy **R**apid **D**eployment. Vollständig ausgerüstete Maschinen wurden als Asgard-F bezeichnet, wobei das F für Full, also vollständig stand. Die Schulvariante hieß Asgard-T. Das T stand für Training.

57 Der Vertragsabschluss und somit die Bestellung der Tiger UHT fand am 18. Juni 1999 statt. Der erste Tiger UHT kam am 6. April 2005 in der Truppe an. Das macht eine Wartezeit von fast 6 Jahren.

58 Die mangelhafte Einsatzbereitschaft gab es nicht nur beim Kampfhubschrauber Tiger. Sie war charakteristisch für die Großgeräte der Bundeswehr in den 2000er- und 2010er-Jahre. Es gab Zeiten da war von zwölf U-Booten der Klasse 212 nicht ein einziges einsatzbereit und die Luftwaffe hatte Probleme auch nur vier Eurofighter mit Lenkwaffen auszustatten. Diese Zahlen konnten keinen Vergleich mit jenen aus der Zeit des Kalten Krieges aushalten. Eine Zeitlang wurde gewitzelt, dass die damalige Verteidigungsministerin von der Leyen mehr Kinder als einsatzbereite Eurofighter habe. Hinter vorgehaltener Hand sprach man von *„Weiberwirtschaft"*.

59 An der Militärakademie Dresden wurden Planspiele durchgeführt, die z. B. beinhalteten wie man die Versorgung von eigenen Truppen, am dritten Kampftag, hinter einem etwa 500 km entfernten großen Wasserhindernis sicherstellen konnte. Mit Blick auf eine Landkarte ist leicht zu erraten, dass mit dem großen Wasserhindernis der Rhein gemeint war. Und hinter dem Rhein standen die Franzosen.

60 Die Gazelle hatte sich, obwohl sie de facto nur eine Notlösung war, bei der ein ziviler Hubschrauber entsprechend der jeweiligen Notwendigkeiten bewaffnet wurde, erstaunlicherweise gut geschlagen.

61 In der frühen Projektphase auch HAC3G genannt. HAC3G stand ins Deutsche übersetzt für „Hubschrauber zur Fahrzeugbekämpfung der dritten Generation".

62 Eine Zeitlang war Großbritannien am Tigre HAC interessiert. Das Interesse erlahmte aber als der HAC an den PAH-2 Standard angepasst wurde.

63 Im amerikanischen Sprachgebrauch nannte man das auch eine „Fire and Forget" Waffe.

64 Von einer asymmetrischen Beladung spricht man, wenn sich die Beladung der Aufhängepunkte beider Stummelflügel unterscheidet. So kann z. B. auf der einen Seite ein Vierfachstarter für Panzerabwehrlenkwaffen und auf der anderen Seite ein Zusatztank montiert sein. Die unterschiedliche Beladung führt zu einer Verschiebung des Masseschwerpunkts und zu einem ungleichmäßigen Luftwiderstand. Beides beeinflusst das Flugverhalten des Hubschraubers und muss durch den Piloten ausgeglichen werden.

65 Die Zahl 217 setzt sich aus 140 HAC, 75 HAP, plus 2 Prototypen zusammen.

66 Gerfaut, zu gut deutsch Gerfalke, ist der Name eines Raubvogels, der in Nordeuropa beheimatet ist.

67 Ein Absturz fand am 17. Februar 1998 ab, als der HAP Prototyp PT4 bei einem nächtlichen Tiefflug in Australien eine Stromleitung streifte. Der zweite Absturz passierte am 4. Februar 2011 in der Nähe von Kabul, als es während eines nächtlichen Fluges im gebirgigen Terrain zu einer Bodenberührung beim Überfliegen eines Gebirgskammes kam.

68 Es stellt sich im Nachhinein die Frage, ob es nicht besser gewesen wäre eine Bordkanone im Kaliber 20 mm zu verwenden, denn die bei der 30 mm Waffe auftretenden Kräfte scheinen für einen so leichten Hubschrauber wie den Tigre doch ein wenig zu stark zu sein.

69 ALAT ▸ französische Armeefliegerkräfte, Bundeswehrbegriff: Heeresflieger

70 Im amerikanisch gefärbten Sprachgebrauch der NATO als Laserdesignator und Laserspottracker bezeichnet.

71 Andere Quellen sprechen davon, dass nur 36 der vorhandenen 40 Tigre HAP auf den HAD Standard gebracht werden sollen.

72 Man war sich in Spanien unsicher ob Deutschland das Risiko auf sich nehmen würde die Rakete Trigat allein zu Ende zu entwickeln. Obwohl das Raketenprogramm unter der Bezeichnung PARS 3LR in der Bundesrepublik weitergeführt wurde entschied sich Spanien auf ein anderes Panzerabwehrraketensystem zu setzen.

73 FLIR ▸ **F**orward **L**ooking **I**nfra**r**ed ▸ vorwärts schauendes Infrarotgerät

74 PSU ▸ **P**ilot **S**ight **U**nit ▸ Pilotensichtgerät

75 Es gab Gedankenspiele den Tiger UHT mit einer 27 mm Bordkanone auszurüsten. Dies wurde jedoch verworfen, weil die Erschütterungen, die durch Kanonenfeuer ausgelöst werden, zur Beschädigung der Elektronik führen können.

76 MILDS … **Mi**ssile **L**aunch **D**etection **S**ystem

77 Kevlar ist ein aus Kunstfasern bestehendes Schutzmaterial. Es stoppt eindringende Projektile indem sich die Kunstfasern dehnen und somit die kinetische Energie der Geschosse aufbrauchen.

78 Für gewöhnlich wechseln sich in den Munitionsgurten der 23 mm Flak panzerbrechende und Sprenggranaten ab. Panzerbrechende Granaten haben einen Zünder, der zeitverzögert, also erst nach dem Durchdringen der Panzerung, eine Sprengladung aktiviert.

79 Keramik ist leichter, aber ähnlich hart wie Stahl.

80 Diese Reihenfolge der Unterbringung von Pilot und Bordschütze ist im Vergleich zu fast allen anderen Kampfhubschraubern ungewöhnlich. Für gewöhnlich sitzt der Bordschütze im vorderen Cockpit. Die beim Tiger angewandte Sitzfolge, von Pilot vorn und Bordschütze hinten, hat einige Vorteile. Sie ermöglicht dem Piloten eine bessere Sicht nach vorn und erleichtert somit das Fliegen des Helikopters. Interessanterweise bürgerte sich diese Sitzreihenfolge bei den AH-1Z des US-Marine-Corps ebenfalls ein. Bei der Zulu-Cobra sind die Cockpits so aufgebaut, dass jedes Besatzungsmitglied auf jedem Sitz fliegen kann. Die Besatzungen bevorzugten es bald den Piloten auf dem vorderen Sitz zu platzieren. Ungewöhnlich ist auch, dass beim Tiger der Bordschütze als Kommandant fungiert und somit bei der Führung des Hubschraubers das Sagen hat. Bei allen anderen Kampfhubschraubern ist stets der Pilot der Kommandant des Helikopters.

81 Im James Bond Thriller „Golden Eye“ ist das aus dramaturgischen Gründen falsch dargestellt. Dort öffnen sich die Cockpits nach links. Im Film wird auch dargestellt, dass die Cockpitsektion als Ganzes abgesprengt und mit Rettungsraketen in Sicherheit gebracht werden kann. Das entspricht ebenfalls nicht der Wahrheit.

82 Sie sind für den Notfallbetrieb gedacht, also den Fall bei dem alle beiden Multifunktionsanzeigen ausfallen. Fällt nur eine Multifunktionsanzeige aus, so kann die zweite Anzeige alle Informationen der ersten darstellen.

83 Im Pilotencockpit sind die Multifunktionsanzeigen nebeneinander angeordnet. Im Kommandantencockpit sind die Anzeigen übereinander angeordnet.

84 Im Militärenglisch auch als „Situation Awareness“ bezeichnet.

85 VHF Funk wird für den operationellen Flugfunk, also zwischen den Hubschraubern verwendet. Die Kommunikation mit den Bodenstationen erfolgt über VHF oder die Satellitenfunkanlage. Die Datenaustauschanlage ist Link-16 kompatibel.

86 Das Blickfelddarstellungsgerät wird auch umgangssprachlich HUD genannt. HUD steht in der amerikanischen Militärsprache für „Head up Display“. In der englischen Militärsprache steht es für „Heads up Display“.

87 Das Cockpit des Kampfhubschraubers ist so gestaltet, dass die Piloten den Helikopter fliegen können ohne auf die Anzeigen im Cockpit zu achten. Alle für den Flug und den Waffeneinsatz notwendigen Daten werden im Helmvisier abgebildet. So soll den Piloten das Fliegen erleichtert werden. Allerdings hatten etliche Piloten, die von älteren Hubschraubern auf den Tiger umstiegen, zunächst Probleme mit der nun auf sie einströmenden Datenflut zurechtzukommen. Mancherorts sprach man auch vom „Datenoverkill“.

88 Bei der AH-64 wird das Nachtsichtbild über ein „Monokel“ angezeigt. Die Optik bedeckt also nur ein Auge, so dass ein AH-64 Pilot auf dem einen Auge ein Nachtsichtbild erhält, während das andere Auge normal sieht. Nicht jeder Mensch kann mit diesem Aufspalten der Sicht umgehen. Das Nachtsichtbild des Tigers ist räumlich und wird von beiden Augen des Piloten wahrgenommen, was viel angenehmer ist.

89 HOCAS ▸ **H**ands **o**n **C**ollective **a**nd **S**tick.

90 Für den Fall, dass zusätzlich schusssichere Westen getragen werden müssen wird es für die Besatzung ungemütlich eng.

91 Die weit nach unten gezogenen Seitenscheiben haben aber auch einen Nachteil. Sie ermöglichen von außen einen guten Blick auf die Piloten. Sowjetische Afghanistanerfahrungen zeigten, dass die Aufständischen gern mit Scharfschützengewehren auf die Piloten schossen. Das führte bei vielen Mi-24 Piloten zu „Kopfschmerzen“. Man darf nicht vergessen, dass die Mi-24 Cockpits die Besatzung besser schützten. Man saß quasi bis zur Schulter unter Panzerschutz. Lediglich der Kopf war gegen seitliches Feuer ungeschützt. Beim Tiger sitzt der Pilot von der Seite gesehen auf dem Präsentierteller. Um dem Beschuss durch Scharfschützen zu entgehen muss ein Tiger ständig in Bewegung sein und darf nicht in der Standschwebe verharren. Außerdem ist es lebensnotwendig schusssichere Westen zu tragen.

92 Die Sicht aus dem Cockpit einer Mi-24 ist besser als beim Tiger. Die Sichtverhältnisse aus dem Cockpit einer AH-64 ähneln denen des Tigers.

93 Diese Werte sind nicht schlecht. Die AH-64 oder die Mi-28 bieten jedoch ihren Piloten einen besseren Aufprallschutz.

94 Während des Golfkrieges 1991 konnten amerikanische AH-64A Fahrzeuge bereits auf große Distanz erkennen. Die Unterscheidbarkeit ob es sich bei diesen Fahrzeugen um Freund oder Feind handelte war aber erst auf recht kurze Distanz, je nach Quelle zwischen 4 und 5 km, möglich. Deshalb kam es zu etlichen Vorfällen bei denen eigene Truppen attackiert wurden.

95 Bei der Herstellung der Rotoren werden mehrere Kunststofflagen zusammengeklebt. Dabei werden die Ober- und die Unterseite separat hergestellt. Hier ist viel Handarbeit im Spiel. In einem abschließenden Arbeitsschritt werden die beiden Rotorteile unter hohem Druck zu einem Rotorblatt „zusammengebacken“. Die fertiggestellten Rotorblätter werden in einem Magnetresonanztomographen, kurz MRT, geröntgt. So können versteckte Fehler erkannt werden. Der Hersteller gibt an, dass lediglich 1% der gefertigten Rotorblätter die Qualitätsansprüche nicht erfüllen können und aussortiert werden.

96 Die Rotorblätter können nicht, wie im James Bond Thriller „Golden Eye“ dargestellt, abgesprengt werden. Dazu besteht auch keine Veranlassung, weil die Piloten des Tigers nicht auf Schleudersitzen sitzen und sich die Cockpitsektion auch nicht als Ganzes absprengen lässt. Das Absprengen der Rotorblätter gibt es nur bei den russischen Kampfhubschraubern Ka-50 und Ka-52.

97 Kein anderer Kampfhubschrauber verfügt über eine Optik, die eine Rundumbeobachtung zulässt. Osiris ist ein großer Pluspunkt für den Tiger UHT.

98 Die Innenseite der Tanks ist mit einer Schutzschicht aus mehreren Gummilagen ausgekleidet. Die Innere der Lagen besteht aus einem nicht vulkanisierten Gummigemisch. Wird der Tank durch ein Geschoss durchschlagen fließt Treibstoff durch das entstandene Loch. Dabei kommt der Treibstoff mit dem nicht vulkanisierten Gummi in Berührung. Im Gummi kommt es zu einer chemischen Reaktion. Dabei dehnt sich der Gummi aus, quillt auf und verschließt das Eintrittsloch. Ein weiterer Treibstoffverlust wird somit verhindert oder zumindest reduziert.

99 Die Nachrüstung der deutschen Tiger UHT erfolgte im Rahmen des Kampfwertsteigerungsprogramms THOR.

100 Eine einmalige Anstrahlung erfolgt durch einen Laserentfernungsmesser. Eine permanente Anstrahlung deutet auf den Abschuss einer lasergelenkten Waffe hin.

101 Im 2. Weltkrieg verwendete man Stanniolstreifen die exakt auf die halbe Wellenlänge des zu störenden Radars geschnitten wa-

ren und warf sie in Bündeln ab. Sie bildeten eine Wolke, die das Radar störte. Der Radaroperateur hatte Schwierigkeiten das eigentliche Ziel aus der Masse der Störsignale herauszufiltern. Heute verwendet man für dieselbe Aufgabe Kunststoffstreifen die mit Aluminium beschichtet wurden. Die amerikanische Bezeichnung dieses Störsystems lautet Chaff. Die Briten verwendeten in der Zeit des 2. Weltkriegs die Bezeichnung „Window". Der deutsche Name „Düppel" leitet sich von der dänischen Ortschaft Düppel ab. Dort wurde das System erstmalig getestet.

102 Der periodische Abschuss einzelner Störkörper soll der Erfassung des Hubschraubers vorbeugen. Der Abschuss in Salven soll die Aufschaltung von Radar oder Waffen auf den Hubschrauber unterbrechen.

103 Wenn man das MTR390 mit dem sowjetischen Axialtriebwerk TW3-117, wie es in der Mi-24 zum Einsatz kommt, vergleicht sieht man, dass das europäische Triebwerk nur etwa halb so lang ist.

104 Triebwerke mit Axialverdichter können schlanker gebaut werden. Sie haben einen schmaleren Querschnitt, so dass die Hubschrauberzelle schmaler gestaltet werden kann. Damit ergibt sich ein geringerer Luftwiderstand, was zu einer höheren Geschwindigkeit führt. Ein Vorteil für den Radialverdichter besteht darin, dass das Triebwerk weniger anfällig ist bei angesaugtem Rauch abzusterben. Außerdem sind Triebwerke mit Radialverdichter kürzer.

105 Der Luftstrom wird umgelenkt und fließt bogenförmig für eine kurze Strecke nach innen und wieder nach vorn, statt direkt nach hinten. Durch diesen konstruktiven Kniff kann die Brennkammer kürzer gestaltet werden.

106 Auch Hochdruckturbine genannt.

107 Niederdruckturbine.

108 Man bezeichnet ein solches System auch als Freilaufturbine.

109 Dies ist wichtig, weil so die Erfassbarkeit durch Infrarotsensoren reduziert wird.

110 FADEC

111 Die Franzosen verwenden sehr gern wohlklingende Bezeichnungen für ihre Systeme. Man denke nur an Ouragan, Mirage, Rafale, Concorde oder Ariane, um nur einige zu nennen.

112 Die Kodierung ist für jeden Zielkanal verschieden. So soll vermeiden werden, dass sich gleichzeitig in der Luft befindliche Raketen auf ein und dasselbe Ziel aufschalten.

113 Der Sichtbereich der TV-Kamera beträgt 12°. Er kann bis auf 3,5° verengt werden. Beim Nachtsichtgerät Iris kann zwischen den Sichtbereichen von 39° × 30°, 6,2° × 4,6°, 2,1° × 1,6° und 1,1 × 0,8° gewählt werden.

114 Ursprünglich war Osiris auch für den französischen Tigre HAC vorgesehen.

115 Der Sichtbereich kann von 30° × 40° bis zu 1° × 1° gezoomt werden.

116 Ein Goniometer misst den Abstand zwischen Rakete und Visierlinie. Aus der Abweichung werden die Steuerbefehle für die Rakete berechnet. Bei Osiris wird in zwei Infrarotfrequenzbändern gescannt. So sollen Störversuche, wie z.B. das Abfeuern von Leuchtraketen, erkannt und ignoriert werden.

117 Der Feuerleitrechner sorgt dafür, dass sie Zielsuchköpfe der Raketen auf die jeweiligen Ziele ausgerichtet werden. Das Aufschalten von zwei oder mehreren PARS 3LR auf ein Ziel soll damit verhindert werden. Nach dem Abfeuern der Raketen arbeiten die Suchköpfe der PARS autonom und können, falls sie ihr ursprüngliches Ziel verlieren, selbständig ein neues Ziel suchen.

118 TWE ▸ **T**hreat **W**arning **E**quipment

119 MILDS ▸ **Mi**ssile **L**aunch **D**etection **S**ystem ▸ Raketenstarterkennungssystem.

120 GIAT ging vor einigen Jahren im Konzern Nexter auf.

121 Den Drehturm gibt es auch für eine 20 mm Kanone. Er wird als THL20 bezeichnet.

122 Bei einem Gasdrucklader können Ablagerungen des Pulverdampfes die Gaskanäle zusetzen. In der Folge lädt die Waffe nicht mehr zuverlässig durch und die Schussfolge bricht ab. Auch führen Zündversager bei Gasdruckladern automatisch zum Stillstand. Bei einem elektrischen Antrieb wird eine nicht zündende Patrone einfach wieder ausgeworfen.

123 Bei der im Jagdflugzeug Rafale verwendeten Variante 30M 791 kann die Kadenz zwischen 300 und 2.500 Schuss pro Minute eingeregelt werden.

124 Aussprache: 30 mal 113 mm. Die erste Zahl beschreibt das Kaliber der Waffe, also den Laufdurchmesser. Die zweite Zahl gibt die Länge der Patronenhülse an.

125 Im Vorfeld der Erprobung am Kampfhubschrauber Tiger wurde der THL30 an einem mittleren Transporthubschrauber Aerospatiale Puma getestet und für gut befunden.

126 Der Tiger ist in der Lage sich in neun Sekunden um 360° zu drehen und eine Fassrolle in weniger als fünf Sekunden zu fliegen. Ein seitlich auftauchendes Ziel kann in zwei bis drei Sekunden vom Hubschrauber direkt anvisiert werden, indem er seinen Bug auf das Ziel ausrichtet.

127 Das nennt man auch Parallaxenverschiebung.

128 Früher GIAT, heute Nexter.

129 Das Problem der Parallaxenverschiebung, d.h. das Auseinanderfallen von Visierlinie des Piloten und Schussrichtung der Waffe, wird durch die Splitterwirkung der Granatpatronen abgemildert.

130 Sie ist damit deutlich schwerer als eine Stinger, Strela 2 oder Igla.

131 In der Bundeswehr wurde diese Rakete als Fliegerfaust 1 bezeichnet.

132 Allerdings sollte man die von den Amerikanern verbreiteten Abschusszahlen nicht wirklich ernst nehmen. So behaupten sie, dass in Afghanistan 341 Stinger gestartet und damit 270 sowjetische Flugzeuge und Hubschrauber abgeschossen wurden. Das ergibt eine Vernichtungswahrscheinlichkeit von 79 %. In der Realität verloren die sowjetischen Streitkräfte während des gesamten Afghanistanfeldzuges ganze 81 Flugzeuge und 320 Hubschrauber. Lediglich 30 % aller Verluste wurde durch die Stinger verursacht. Ein Grund hierfür war, dass viele Flugzeuge und Hubschrauber die Treffer einzelner Raketen durchaus überstanden und wieder repariert werden konnten. Ein weiterer Grund bestand darin, dass die Stinger bei den Aufständischen zu einer Art Statussymbol wurde. In der Machotradition der Afghanen war es wichtiger eine solche Waffe zu besitzen als sie tatsächlich einzusetzen. Um die Amerikaner zur Lieferung weiterer Stinger zu bewegen erfanden die Aufständischen eine Vielzahl von Abschüssen.

133 Die Sowjets entwickelten ein Maßnahmenbündel, das zusammengenommen die Wirksamkeit der Stinger drastisch reduzier-

te. Dazu gehörten speziell auf den Suchkopf der Stinger optimierte Störkörper, das Infrarotstörgerät Lipa (Ispanka) und ein Gerät, das die Temperatur der ausströmenden Triebwerksabgase drastisch reduzierte.

134 Und nicht nur das. Die Sowjets nutzten den Suchkopf der Stinger um ihre eigenen Raketen weiterzuentwickeln. So entstand die tragbare Fla-Rakete Igla, die ab Ende der 1980er-Jahre in die Truppe eingeführt wurde. Der Name Igla weist indirekt auf die Verwandtschaft mit der Stinger hin. Sowohl „Stinger", als auch „Igla" bedeuten ins Deutsche übersetzt „Stachel".

135 Die Stinger kann im Bedarfsfall auch vom Piloten eingesetzt werden.

136 Bei der Bundeswehr wurde die HOT beim Jagdpanzer Jaguar und beim Panzerabwehrhubschrauber PAH-1 verwendet.

137 Das war im Vergleich zu amerikanischen und sowjetischen Panzerabwehrlenkraketen einzigartig. Üblich war, dass zunächst nur die Ausstoßladung gestartet wurde und das Marschtriebwerk erst im Flug, nach dem Überwinden eines Sicherheitsabstandes, zündete. Das war sowohl bei der amerikanischen TOW, als auch bei der sowjetischen Schturm der Fall.

138 Man nennt dieses Verfahren auch Zweipunktlenkverfahren oder in der amerikanisch gefärbten Militärsprache SACLOS.

139 Die minimale Reichweite wird auch tote Zone genannt. Innerhalb dieser Distanz ist die Rakete noch nicht steuerbar. Die Bekämpfung eines Ziels innerhalb der toten Zone ist nicht möglich.

140 Die größten Exporterfolge erzielte die HOT als Bewaffnungskomponente des Hubschraubers SA342 Gazelle.

141 Die Verwendung eines Ausstoßtriebwerks hat den Vorteil, dass der Hubschrauber nicht Gefahr läuft vom Abgasstrahl der Lenkrakete beschädigt zu werden. Die Amerikaner hatten Probleme mit der Lenkrakete Hellfire, weil diese mitunter Beschädigungen am Kampfhubschrauber AH-64 verursachte.

142 HIPPAG 320 ... **Hi**gh **P**ressure **P**ure **A**ir **G**enerator

143 Für gewöhnlich ist die Dachpanzerung der Schwachpunkt eines jeden Kampfpanzers. Der T-72M1 hatte zum Beispiel eine mehrschichtige frontale Turmpanzerung, die gegenüber Hohlladungsgefechtsköpfen ein Schutzäquivalent von etwa 760 mm Panzerstahl aufwies. Das war ausreichend um die in der Bundeswehr weit verbreitete Lenkrakete Milan wirkungslos zu machen. Die Dachpanzerung des T-72M1 war aber nur 40 bis 50 mm stark. Hier war er verwundbar. Beim Leopard 2 oder M1 Abrams sieht es nicht wesentlich anders aus.

144 Ausgehend von dieser Bewaffnungsoption verfügt die Bundeswehr bei 40 Kampfhubschraubern Tiger UHT und 640 beschafften Raketen einen Waffenbestand von zwei Raketensätzen pro Hubschrauber. Das ist für Friedenszeiten ausreichend. In Krisenzeiten stellt sich aber die Frage, was passieren würde, wenn der Gegner mehr Panzer hat als die Bundeswehr Raketen? Die NVA lagerte für ihre Hauptwaffensysteme jeweils sieben Kampfsätze ein.

145 Bei der Zielmarkierung müssen aber alle Ziele im Sichtbereich des Mastvisiers liegen.

146 Das ist ein hervorragender Wert. Eine AH-64D benötigt etwa fünf Sekunden zum Abfeuern einer Lenkrakete.

147 Der Stellungswechsel ist ein notwendiger Teil der Einsatztaktik, denn man kann davon ausgehen, dass der Gegner den Startpunkt der Raketen mit Gegenfeuer, zum Teil auch Artilleriefeuer, belegen wird.

148 Die Kritik beinhaltete sowohl den hohen Preis der Rakete als auch den Umstand, dass bereits etwa die Hälfte der zu beschaffenden Raketen von der Bundeswehr angekauft worden war, obwohl die abschließenden Tests des Waffensystems noch nicht beendet waren. Der Bundesrechnungshof monierte auch, dass die Wirksamkeit des Systems PARS 3LR nicht so hoch sei wie vom Hersteller versprochen. So hätten Raketen während der Waffentests mehrfach ihr Ziel verloren und sich selbständig auf ein anders Ziel aufgeschaltet. Dies könnte im Ernstfall, so der Bundesrechnungshof, zu Kollateralschäden unter Zivilisten führen. Der Hersteller MBDA argumentierte dagegen, dass die PARS 3LR alle in den Waffentests geforderten Werte erfüllt habe.

149 Eine halbe Millionen Euro klingen im ersten Moment nach viel Geld. Doch wenn man weiß, dass die Amerikaner für eine moderne FIM-92 Stinger gut eine Millionen Euro verlangen, relativiert sich das Ganze wieder etwas.

150 Die beim Tiger ARH und Tigre HAD verwendete AGM-114K Hellfire II wiegt etwa 46 kg.

151 Gegenmaßnahmen wären z. B. das Einnebeln des Fahrzeugs oder der Einsatz von Laserstörgeräten. Letztgenannte sind auf russischen Panzern des Typs T-90 zu finden.

152 Eine Reaktivpanzerung besteht im Prinzip aus mit Sprengstoff gefüllten Kacheln, die außen an der Hauptpanzerung angebracht werden. Trifft eine Hohlladung auf eine Reaktivkachel, so zündet der kumulative Strahl der Hohlladung der Sprengstoff der Kachel. Die Sprengstoffexplosion schwächt die Wirkung der Hohlladung soweit, dass sie nicht mehr in der Lage ist die Hauptpanzerung zu durchdringen. Zudem wird eine direkt auf der Sprengstoffschicht angebrachte Stahlplatte weggeschleudert und drückt dabei den Gefechtskopf der Rakete aus seiner Bahn. Bei einer Tandemhohlladung wird eine zweite Hohlladung vor der Haupthohlladung eingesetzt. Die vorgeschaltete Hohlladung soll die Reaktivkachel zur Explosion bringen und so den Weg für die eigentliche Hohlladung frei machen.

153 Fire and Forget

154 Bei einem Multidart werden mehrere Metallpfeile (Darts) gebündelt im Gefechtskopf gelagert. Nach dem Abschuss der Rakete wird das Pfeilbündel mit einer Explosion gerichtet freigesetzt. Der Zeitpunkt der Explosion wird per Zeitzünder bestimmt.

155 Ein Flechettegefechtskopf ist einem Multidart sehr ähnlich. Er ist allerdings mit einer Vielzahl sehr kleiner nadelförmiger Splitter gefüllt.

156 Es ist keine Schande, wenn die angestrebte Karriere als Hubschrauberpilot am Fliegerarzt scheitert. In der Geschichte der Fliegerei haben tausenden Kandidaten die Fliegertauglichkeitsprüfung nicht bestanden.

157 Oder sarkastisch gefragt: Wer liebt es nicht mit einem 50 Kilogramm wiegenden Sturmgepäck und umgehängter Waffe dutzende Kilometer durch die Landschaft zu marschieren?

158 Beim Lehrgang Basic Academics werden die theoretischen Grundlagen vermittelt, die notwendig sind um am Flugverkehr teilzunehmen. Dazu gehören u.a. die Funksprache, die Navigation und das Flugrecht. Das Bestehen dieses Kurses ist Grundvoraussetzung für die Aufnahme der Hubschrauberführergrundausbildung. Die Dauer des Lehrgangs beträgt 6 Wochen.

159 Der Tradition nach wird dem frischgebackenen Hubschrauber-

pilot sein Pilotenabzeichen im Hubschraubermuseum Bückeburg überreicht.

160 Mehr zu diesem Thema findet man in den einschlägigen Büchern des Urgesteins der deutschen Auslandsjournalistik Peter Scholl-Latour.

161 Die Paschtunen sind ein Volk, das sowohl in Afghanistan, als auch in Pakistan beheimatet ist. Die Grenzziehung zwischen Afghanistan und Pakistan erfolgte zur Zeit der britischen Kolonialherrschaft und durchschneidet den paschtunischen Siedlungsraum auf unnatürliche Art und Weise. Sie wird von den Paschtunen weitestgehend ignoriert.

162 In Westeuropa hatte, mit Ausnahme Großbritanniens, keine Nation ein ausreichend leistungsfähiges Transportflugzeug, um Großmaterial nach Afghanistan zu transportieren.

163 Mit diesem Phänomen hatte bereits die Sowjets zu kämpfen gehabt. Auch bei der notorisch robusten Sowjettechnik hatten scharfkantiger Sand und Staub zu hohem Verschleiß geführt. Dies wurde in russischen Quellen offen publiziert. Die sowjetischen Erfahrungen wurden aber von den westlichen Streitkräften ignoriert.

164 Die Sandfilter wurden erst in Afghanistan angebaut.

165 Ein deutscher Begriff hierfür wäre Fliegerleitoffizier. Der deutsche Begriff ist allerdings etwas ungenau, weil die Aufgabe der Fliegerleitung heutzutage auch von Unteroffiziersdienstgraden übernommen wird.

166 Bereits die sowjetischen Truppen hatten während ihres Feldzugs keine hohe Meinung von der Kampfmoral ihrer afghanischen Verbündeten, die sie abwertend nur als „Seljonies", als „Grüne" bezeichneten. Im russischen Afghanistan-Film „Die neunte Kompanie", gibt es eine diesbezügliche Szene, bei der ein erfahrener Soldat einem Neuankömmling die Lage folgendermaßen erklärt. Er sagt: „Schau. Das sind die Grünen. Unsere besch..ssenen Verbündeten. Sobald es ernst wird rennen sie weg und man findet sie fünf Kilometer hinter der Frontlinie wieder. Wegen dieser Idioten sind wir schon einmal eingekesselt worden."

167 Große Hitze und eine große Höhenlage machen Hubschraubern zu schaffen, weil die Triebwerke unter diesen Bedingungen nicht mehr ihre volle Leistung erbringen. Das gleiche trifft auf die Leistungsfähigkeit der Rotoren zu.

168 Französische Tigre HAP flogen 4.215 Stunden bei etwa 2.600 Einsätzen, was eine durchschnittliche Einsatzlänge von etwa 1,6 Stunden ergibt.

169 Die Sahelzone ist ein steppenartiges Gebiet mit vereinzeltem Baumbestand, das sich südlich der Wüste Sahara erstreckt.

170 Um für das Feldlager eine zuverlässige Rundumaufklärung zu jeder Tageszeit sicherstellen zu können wollte die Bundeswehr einen Fesselballon über dem Camp Castor einsetzen. Dieser Beobachtungsballon sollte mit modernen Sensorsystemen ausgestattet werden und wäre in der Lage gewesene, dank seiner hochleistungsfähigen Optiken, Bewegungen im Umfeld des Feldlagers rund um die Uhr zu beobachten. Ballons dieser Art waren in Afghanistan Standard. Die UNO sprach sich aber gegen den Ballon aus.
Um den Truppen bei Patrouillen im Landesinneren einen zu jeder Tageszeit zuverlässig mit Aufklärungsdaten versorgen zu können wurden verstärkt Drohnen eingesetzt. Diese unbemannten Flugkörper hatten eine im Vergleich zum Hubschrauber sehr lange Verweildauer im Einsatzgebiet und waren zudem sehr kosteneffizient. Mit ihrer Hilfe konnten in der Voraufklärung der Fahrtrouten Hinterhalte und Fallen entdeckt werden. Diese zu bekämpfen war die Aufgabe der Kampfhubschrauber, die jedoch erst zum Zielgebiet fliegen mussten, was naturgemäß mit Zeitverzögerungen verbunden war. Deshalb kam bei der Bundeswehr der Wunsch auf Drohnen zu bewaffnen, um jederzeit auf Bedrohungslagen reagieren zu können.

171 Der Kampfhubschrauber Tiger UHT war für eine Außentemperatur von maximal 40°C im Schatten zugelassen. Das war für mitteleuropäische Verhältnisse auch vollkommen ausreichend. Für Mali wurde die zugelassene Höchsttemperatur auf 45°C angehoben.

172 Je nach Quelle 128 bis 256 Ziele.

173 Je nach Quelle 12 bis 16 Raketen.

174 Für eine gewisse Zeit war die Bezeichnung AH-64C für die D Variante ohne Longbow-Radar im Gespräch.

175 Ihre Beschussfestigkeit bewies die AH-64 als ein größerer Apache-Verband bei einem Gefechtseinsatz während des 2. Golfkriegs von der Truppenluftabwehr des Iraks überrascht wurde. Nahezu jeder Apache des Verbandes wurde von 23 mm Geschossen getroffen und zum Teil schwer beschädigt. Trotz schwerer Schäden gelang es jedoch jedem einzelnen Kampfhubschrauber sicher zur eigenen Basis zurückzukehren.

176 Das „ch" wird kehlig ausgesprochen wie im Wort „machen".

177 Das N stand für „notsch", russ: Nacht.

178 Das Radar Arbalet hatte ein 360° Suchfeld und konnte Bodenziele in der Größe eines Panzers bis zu einer Distanz von 12 km erfassen.

179 Die Agilität der Mi-28 scheint durch das Hauptgetriebe begrenzt zu sein. Es wurde mehrfach berichtet, dass Mi-28 bei der Ausführung von Flugfiguren des höheren Kunstflugs Getriebeschäden erlitten, abstürzten oder Notlandungen ausführen mussten.

180 In einem Fall aktivierte sich das automatische Rettungssystem einer Ka-52 ohne erkennbaren Grund. Die Piloten wurden herauskatapultiert und der Hubschrauber ging verloren. Am 17. September 2017 verwechselte das automatische Zielsuchsystem einer Ka-52 während des Manövers „Sapat 17" einen LKW von Manöverbeobachtern mit einem Ziel und bekämpfte ihn vollautomatisch und „erfolgreich" mit zwei ungelenkten Raketen. Es kam zu Verletzten unter den Manöverbeobachtern.

181 Welchen Wert Kampfdrohnen bereits heute haben wurde 2021 sichtbar, als sie während des armenisch-aserbaidschanischen Konfliktes um Nagorny Karabach kriegsentscheidend zum Einsatz kamen.